Liang Qi

Diagnóstico de avarias de PMSMs e Servo Sistemas de Radar baseado em Digital Twin

Liang Qi

Diagnóstico de avarias de PMSMs e Servo Sistemas de Radar baseado em Digital Twin

Métodos de diagnóstico de avarias de motores síncronos de ímanes permanentes e de sistemas servo de radar baseados em gémeos digitais

ScienciaScripts

Cover image: www.ingimage.com

This book is a translation from the original published under ISBN 978-620-6-77499-0.

Publisher:
Sciencia Scripts
is a trademark of
Dodo Books Indian Ocean Ltd. and OmniScriptum S.R.L publishing group

120 High Road, East Finchley, London, N2 9ED, United Kingdom
Str. Armeneasca 28/1, office 1, Chisinau MD-2012, Republic of Moldova, Europe
Printed at: see last page
ISBN: 978-620-8-27828-1

Diagnóstico de avarias de PMSMs e Servo Sistemas de Radar baseado em Digital Twin

--Métodos de diagnóstico de avarias de motores síncronos de ímanes permanentes e de sistemas servo de radar baseados em gémeos digitais

Liang Qi

Prefácio

O motor síncrono de ímanes permanentes é amplamente utilizado na indústria devido às suas pequenas dimensões, baixo custo, elevada eficiência e excelente desempenho. O motor síncrono de ímanes permanentes está a tornar-se gradualmente uma parte importante do sistema de controlo numérico. Garantir o funcionamento estável do motor síncrono de ímanes permanentes é uma condição necessária para garantir o funcionamento estável do equipamento de controlo numérico. Na produção real, devido ao ambiente de trabalho complexo e ao longo tempo de funcionamento do motor síncrono de ímanes permanentes, os enrolamentos do estator do motor síncrono de ímanes permanentes são propensos a falhas de curto-circuito entre voltas. Se não forem tomadas medidas eficazes a tempo, uma pequena avaria tornar-se-á uma avaria grave, resultando na rutura de todo o sistema. Se as avarias do motor forem diagnosticadas de acordo com os dados históricos de funcionamento do motor síncrono de ímanes permanentes e a previsão da vida útil do enrolamento do motor, é possível assegurar o funcionamento estável e fiável do equipamento do motor, dar pleno uso ao desempenho do motor, reduzir as perdas económicas e evitar acidentes catastróficos. Nesta tese, são estudados o diagnóstico de falhas de curto-circuito entre voltas e a previsão da vida útil do enrolamento do motor síncrono de ímanes permanentes. Os principais conteúdos da investigação incluem:

(1) O princípio básico e o modelo matemático do motor síncrono de ímanes permanentes são elaborados e o modelo do motor síncrono de ímanes permanentes sob a condição de falha de curto-circuito entre espiras é construído. A corrente do estator do motor síncrono de ímanes permanentes altera-se de forma correspondente após a ocorrência de uma falha de curto-circuito entre espiras. A corrente do estator com alterações óbvias é selecionada como as caraterísticas do defeito para detetar com precisão o defeito de curto-circuito entre espiras do motor síncrono de ímanes

permanentes, o que estabelece as bases para o diagnóstico do defeito de curto-circuito entre espiras do motor síncrono de ímanes permanentes.

(2) Tendo em conta o facto de as caraterísticas de avaria do motor síncrono de ímanes permanentes serem fracas e difíceis de diagnosticar, propõe-se um método de diagnóstico de avarias do motor síncrono de ímanes permanentes. Em primeiro lugar, o conjunto de dados de simulação da corrente do estator foi obtido através da utilização do modelo matemático do curto-circuito de inversão do PMSM. A Otimização Gray Wolf foi utilizada para otimizar os parâmetros da Decomposição do Modo Variacional. Em seguida, foram extraídas caraterísticas multi-escala e a dimensionalidade foi reduzida pela Análise de Componentes Principais. Finalmente, foi utilizada uma rede neural de Memória de Curto Prazo Longa Bi-direcional optimizada pelo Algoritmo de Otimização Whale para diagnosticar o curto-circuito entre espiras do motor síncrono de ímanes permanentes. Os resultados da simulação mostram que a precisão deste algoritmo é de até 99,6%.

(3) Tendo em conta que é difícil prever o tempo de vida restante do enrolamento de um motor síncrono de ímanes permanentes, propõe-se um método de previsão do tempo de vida do enrolamento de um motor síncrono de ímanes permanentes. Em primeiro lugar, foram extraídas as caraterísticas do domínio tempo-frequência e construídas as caraterísticas de degradação. Em seguida, a Rede Neural Convolucional é utilizada para extrair a informação mais profunda. Por fim, foi utilizada uma máquina de vectores de suporte optimizada por otimização por enxame de partículas para prever a vida útil dos enrolamentos do motor síncrono de ímanes permanentes. O modelo é comparado com outros métodos, e os outros métodos não conseguem atingir o efeito de previsão do modelo.

(4) Conceber a estrutura do sistema de diagnóstico de avarias e de previsão de vida útil do motor e utilizar o software LabVIEW e SQL Server para conceber e desenvolver o sistema de diagnóstico de avarias e de previsão de vida útil do motor. Através da experiência de simulação, a fiabilidade e a praticabilidade do software são demonstradas.

(5) O livro apresenta também um estudo exaustivo sobre o diagnóstico de avarias e a previsão do tempo de vida útil remanescente dos curto-circuitos entre espiras em motores síncronos de ímanes permanentes, com especial incidência no servo sistema de radar. A investigação abrange vários níveis de métodos de diagnóstico, incluindo o nível do módulo, o nível da placa e o nível do componente, cada um adaptado à hierarquia estrutural do servo sistema. São utilizadas técnicas fundamentais, como a Transformada Empírica de Wavelet Melhorada (EWT) para a redução do ruído do sinal, a análise de correlação e a fusão de informações, para aumentar a precisão da deteção e previsão de falhas.

O diagnóstico ao nível do módulo utiliza uma árvore de falhas e uma abordagem de sistema especializado, enquanto o diagnóstico ao nível da placa se baseia na correlação entre os sinais recolhidos e os sinais normais. O diagnóstico ao nível do componente integra caraterísticas do domínio do tempo e da frequência para construir um mapa de caraterísticas do estado, que é depois utilizado para treinar uma rede neural para a previsão de falhas. O documento também introduz a utilização da tecnologia de instrumentos virtuais, especificamente o LabVIEW, para implementar um sistema de software para monitorização em tempo real, recolha e processamento de dados, fornecendo informações de diagnóstico e previsão.

Palavras-chave: Motor síncrono de ímanes permanentes, Diagnóstico de avarias, Vida útil restante, BiLSTM, Sistema servo de radar, Transformada Wavelet empírica melhorada, Prognóstico e gestão da saúde (PHM),

Conteúdo

Capítulo 1 Introdução

1.1 Antecedentes e importância da investigação

Nos últimos anos, com a melhoria contínua do desempenho e a redução do custo dos materiais magnéticos permanentes de terras raras (como o ferro, o neodímio e o boro), cada vez mais os motores tradicionais foram substituídos por motores síncronos de ímanes permanentes cada vez mais maduros[1]. Com o aprofundamento contínuo da investigação sobre motores síncronos de ímanes permanentes, os motores síncronos de ímanes permanentes estão a desenvolver-se no sentido de uma elevada eficiência e proteção ambiental, mecatrónica, elevado desempenho e especialização. Com base nas caraterísticas de baixo ruído, alta estabilidade, estrutura compacta e excelente desempenho[2]os motores síncronos de ímanes permanentes têm sido amplamente utilizados na produção de energia eólica[3]produção industrial[4]veículos eléctricos[5]aeroespaciais[6] e noutros domínios .

Os motores síncronos de ímanes permanentes são uma parte importante dos sistemas de controlo numérico[7]. Garantir o funcionamento estável dos motores síncronos de ímanes permanentes é uma condição muito necessária para assegurar que o equipamento de controlo numérico possa funcionar de forma estável. Na produção real, o ambiente de trabalho complexo e as horas de trabalho de alta intensidade dos motores síncronos de ímanes permanentes podem facilmente causar falhas no motor. Depois de um motor avariar, tem de ser reparado a tempo, caso contrário, é fácil uma pequena avaria tornar-se numa grande avaria, paralisando assim todo o sistema. O método geral de manutenção dos motores é a pós-manutenção ou a manutenção do equipamento em intervalos regulares, o que pode levar a uma manutenção insuficiente ou a uma manutenção excessiva. Uma manutenção insuficiente significa que o sistema continua a trabalhar num estado defeituoso, provocando o agravamento da avaria ou mesmo a falha funcional do motor, o que resulta em enormes perdas económicas. Manutenção excessiva significa que a manutenção é efectuada quando o sistema está normal, afectando o funcionamento normal do sistema e causando a sua falha. Quando um motor falha, o pessoal de manutenção precisa de determinar com precisão a localização da falha do equipamento. Diagnóstico de avarias[8] consiste em determinar a causa, a localização e a gama de impacto da avaria através da análise de dados históricos e recordar prontamente ao pessoal de manutenção que deve tomar medidas para a reparar, de modo a que o sistema de equipamento possa continuar a funcionar.

Com o desenvolvimento dos tempos e o avanço da ciência e da tecnologia, os investigadores começaram a prestar atenção e a explorar continuamente a investigação sobre a vida útil restante, tendo como núcleo a tecnologia de previsão. Ao estimar com exatidão a vida útil restante do enrolamento do motor[9]não só a probabilidade de acidentes pode ser reduzida, como também o funcionamento normal do motor pode ser efetivamente assegurado. Além disso, a previsão da vida útil pode também permitir que os utilizadores compreendam melhor os danos actuais do motor e tomem medidas atempadas para evitar perdas causadas por avarias, fazendo assim uma utilização mais eficaz do motor e mantendo-o a um custo mais baixo. São estudadas as principais tecnologias de diagnóstico de avarias de curto-circuito de rotação a rotação e de previsão da vida útil dos enrolamentos dos motores síncronos de ímanes permanentes, a fim de diagnosticar as avarias do motor e prever a vida útil restante dos enrolamentos do motor. Conhecendo o estado atual do motor, o pessoal de manutenção pode ser avisado para efetuar a manutenção atempadamente, antes que a avaria se agrave e cause perdas, para garantir a estabilidade e a fiabilidade do motor e minimizar as consequências adversas causadas pelas avarias do motor, trazendo mais benefícios económicos para a empresa.

Por conseguinte, o presente documento estuda a tecnologia de diagnóstico de avarias e de previsão da vida útil do curto-circuito do motor síncrono de ímanes permanentes, que pode não só utilizar o motor cientificamente e reparar a avaria de forma económica e eficiente, mas também fornecer orientações teóricas para a investigação futura sobre o diagnóstico de avarias e a previsão da vida útil do motor. Além disso, o equipamento de produção automatizado pode recorrer ao método proposto neste documento para diagnosticar e prever a vida útil do equipamento, a fim de assegurar um funcionamento estável e fiável do equipamento.

1.2 Situação da investigação e tendência de desenvolvimento no país e no estrangeiro

1.2.1 Estado da investigação sobre o diagnóstico de avarias

Tecnologia de diagnóstico de avarias[10] refere-se geralmente à análise de informações e à extração de informações quantitativas caraterísticas relacionadas com as avarias através da observação ou da recolha de dados, analisando a causa da avaria, determinando a localização da avaria do equipamento e o impacto causado e recordando prontamente ao pessoal de manutenção que deve efetuar uma manutenção rigorosa do equipamento para que o sistema do equipamento possa funcionar normalmente. Os tipos de avaria comuns dos motores síncronos de ímanes permanentes são apresentados na Figura 1.1, incluindo principalmente a avaria de desmagnetização e a avaria de curto-circuito entre voltas do estator, a avaria do sensor, a avaria de curto-circuito entre fases do estator e outras avarias do circuito, a avaria de excentricidade do rotor e a avaria da chumaceira e outras avarias[11]. O curto-circuito entre voltas do enrolamento do estator é um defeito comum do motor síncrono de ímanes permanentes. O presente documento estuda principalmente o defeito de curto-circuito intertornos do estator.

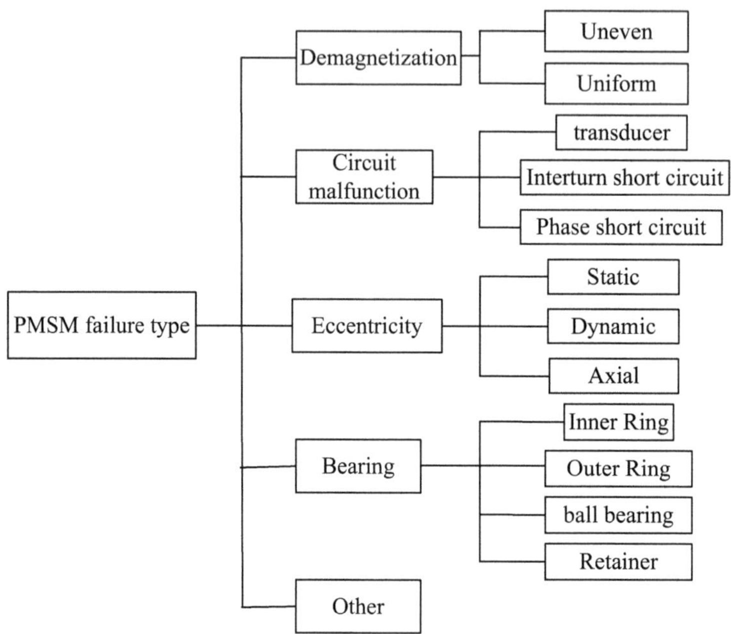

Fig.1.1 Classificação dos métodos de manutenção

Atualmente, o diagnóstico de avarias pode ser dividido em três fases, de acordo com o seu tempo de desenvolvimento. A primeira fase foi antes da década de 1930, quando o pessoal de manutenção experiente ou os peritos faziam as observações mais primitivas da máquina e determinavam se a máquina tinha uma avaria observando o som da máquina ou medindo as quantidades físicas da máquina, como a tensão e a corrente. Esta fase foi designada por fase de diagnóstico manual; a segunda fase foi antes da década de 1970, quando os indicadores de desempenho do motor ou os parâmetros de estado foram obtidos através da construção de um modelo de motor para análise de dados e o diagnóstico de avarias do motor foi efectuado. Esta fase era a fase de diagnóstico moderno; a última fase era a fase de inteligência artificial, em que as avarias do motor eram diagnosticadas através de teorias avançadas, como as redes de inteligência artificial ou a aprendizagem profunda. A classificação das avarias é apresentada na Figura 1.2.

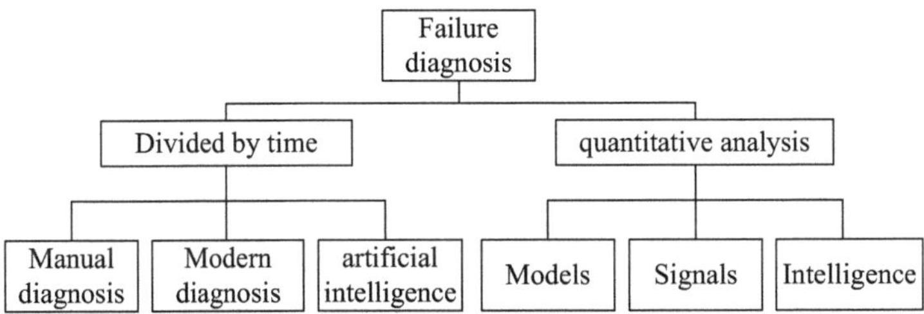

Fig.1.2 Classificação dos métodos de manutenção

Do ponto de vista da análise quantitativa, o diagnóstico de falhas pode ser dividido em análise de modelos, processamento de sinais e algoritmos inteligentes, e o seu estado de investigação é o seguinte

(1) Métodos de diagnóstico baseados em modelos matemáticos

A tecnologia de diagnóstico de avarias que utiliza modelos matemáticos consiste em modelar o motor e comparar a saída do modelo físico com o estado real do motor para determinar o funcionamento normal do motor. Esta tecnologia de diagnóstico tem vários algoritmos, como o método do espaço equivalente, o método de estimativa de parâmetros, o método de estimativa de estado, etc. Ao selecionar o método adequado e através de uma deteção mais precisa, o estado anormal do motor pode ser descoberto a tempo e podem ser tomadas medidas para resolver o problema.

Referência [12] estabeleceu um modelo matemático de defeito para transformadores e efectuou uma análise aprofundada do modelo matemático. Verificou-se que a adição de algumas amostras reais pode melhorar o desempenho do modelo de treino. Referência [13] utilizou αutilizou o método de estimação de quatro parâmetros de distribuição estável para selecionar parâmetros com caraterísticas óbvias e boa sensibilidade e efectuou o diagnóstico através da máquina de vectores de suporte de mínimos quadrados melhorada, resolvendo o problema da dificuldade em determinar o grau de dano das avarias em rolamentos. Referências [14] utilizou o método de estimação de estado não linear para modelar e diagnosticar o mais cedo possível as avarias de bobinas de fecho e abertura de disjuntores de alta tensão e de motores de armazenamento de energia. Referência [15] propôs um método de deteção de defeitos no espaço equivalente para reduzir a taxa de omissão de defeitos e a taxa de falsos alarmes e provou a eficácia do método através de experiências.

O método de diagnóstico de avarias baseado num modelo matemático só pode ter uma elevada precisão se for estabelecido um modelo matemático exato. No entanto, o ambiente de trabalho do motor é complexo e os parâmetros do motor serão afectados, pelo que é difícil estabelecer um modelo de motor que esteja em conformidade com a situação real. Além disso, este método é complexo em termos de cálculo e é difícil diagnosticar rapidamente o motor.

(2) Método de diagnóstico de avarias baseado no processamento de sinais

O método de diagnóstico de avarias baseado no processamento de sinais consiste em recolher o sinal de saída do motor, analisar e processar o sinal, extrair as caraterísticas do sinal no domínio do tempo-frequência e compará-lo com as caraterísticas no domínio do tempo-frequência do sinal de saída do motor em circunstâncias normais, determinando depois se o motor está avariado.

Referência [16] propôs um novo método de extração de caraterísticas de avarias baseado na decomposição do modo empírico e na análise bispectral melhorada, que pode diagnosticar eficazmente as avarias precoces dos motores de tração. Referência [17] efectuou uma decomposição EWT melhorada e uma redução do ruído no sinal de rolamento da caixa de velocidades de uma turbina eólica para melhorar a precisão do diagnóstico, utilizou a tecnologia de reconstrução da curtose e, por fim, extraiu as caraterísticas da avaria através da análise do envelope.

O método de análise do sinal pode diagnosticar rapidamente o motor e extrair as caraterísticas do domínio tempo-frequência. Este método é relativamente simples e maduro, mas o ambiente de trabalho do motor é complexo e as quantidades caraterísticas dos sinais de saída do motor, como a tensão, a corrente e o binário, estão constantemente a mudar. É difícil refletir verdadeiramente o verdadeiro estado do motor apenas através de sinais caraterísticos tão simples. O pessoal de manutenção profissional também é obrigado a diagnosticar o motor através de determinados meios. Por conseguinte, é necessário um método para tornar o diagnóstico mais inteligente, a fim de reduzir os erros causados por factores humanos.

(3) Método de diagnóstico de avarias baseado num algoritmo inteligente

O método de diagnóstico baseado em modelos matemáticos tem requisitos elevados para a exatidão dos modelos matemáticos, e o método de diagnóstico baseado em sinais tem requisitos elevados para a exatidão dos sensores, enquanto o método de diagnóstico baseado em inteligência artificial não tem requisitos demasiado elevados para nenhum dos dois. O método de diagnóstico baseado na inteligência artificial analisa e processa os principais dados do motor através de algoritmos inteligentes, como redes neuronais, máquinas de vectores de apoio e algoritmos genéticos, para diagnosticar o motor.

Referência [18] extrai caraterísticas do domínio tempo-frequência para resolver o problema da dificuldade em extrair caraterísticas de avarias e da falta de amostras electromecânicas, utiliza o algoritmo de aprendizagem não linear de colectores para extrair informações profundas e propõe um modelo de diagnóstico que combina a aprendizagem não linear de colectores e a máquina de vectores de apoio. Referência [19] combina a entropia de permutação média multi-escala com a máquina de vectores de apoio optimizada por lobo cinzento para propor um novo modelo de diagnóstico de avarias, que pode diagnosticar de forma rápida e precisa a localização e o grau de avarias em rolamentos. Referência [20] resolve o problema de as caraterísticas do modelo de diagnóstico de avarias não poderem ser ponderadas de acordo com a sua importância e propõe um método de mecanismo de atenção inversa para realçar as caraterísticas eficazes. Referência [21] propõe um modelo baseado em Conv-LSTM, que pode diagnosticar com precisão o tipo de falhas em rolamentos. Referência [22] tem como objetivo estudar um novo método de diagnóstico de avarias em caixas de velocidades de turbinas eólicas baseado em dados, que utiliza a tecnologia de decomposição de modo variacional optimizada por lobo cinzento, entropia dispersa complexa multi-escala e rede neural de memória de curto prazo longa para captar com maior precisão o sinal de aceleração da caixa de velocidades da turbina eólica e obter resultados de diagnóstico de avarias mais precisos. Referência [23] propôs um novo método de diagnóstico de avarias baseado numa rede neural melhorada com memória de curto prazo. Este método pode resolver eficazmente o problema de os métodos tradicionais baseados em dados serem difíceis de diagnosticar com precisão na fase inicial de uma avaria, melhorando assim a eficiência e a precisão do diagnóstico. Referência [24] propôs um novo método de diagnóstico de avarias que combina redes neuronais convolucionais com redes neuronais de memória de curto prazo para processar melhor as caraterísticas adaptativas das avarias dos sinais de vibração de rolamentos de grandes dimensões e efetuar um diagnóstico inteligente. Referência [25] introduziu uma rede neural bidirecional melhorada com memória de curto prazo longa. Este método pode considerar melhor a relação complexa entre as sequências de parâmetros caraterísticos do óleo do transformador, melhorando assim a tolerância a falhas e explorando eficazmente as informações de séries temporais de dados de monitorização em linha, diagnosticando assim mais eficazmente as falhas do transformador.

Os métodos gerais de inteligência artificial não podem diagnosticar os motores através das caraterísticas do sinal de saída original do motor. O motor só pode ser diagnosticado após a extração das caraterísticas do sinal. Este processo é computacionalmente intensivo e tem muitos factores de interferência, que afectam a precisão do diagnóstico. No entanto, a aprendizagem profunda pode facilmente extrair as caraterísticas do sinal original. Este método tem um excelente desempenho de aprendizagem e excelentes capacidades de descrição de caraterísticas, o que pode melhorar significativamente a precisão do diagnóstico e identificação de avarias.

O ambiente de trabalho do motor é complexo. Podem ocorrer algumas falhas ou várias falhas ao mesmo tempo. Uma determinada caraterística de falha pode corresponder a várias falhas. Diferentes caraterísticas de avaria correspondem à mesma avaria, tornando o diagnóstico difícil. É necessário combinar diferentes métodos de diagnóstico de avarias e melhorá-los e optimizá-los para satisfazer as necessidades de diagnóstico de avarias do sistema do motor em condições de produção em grande escala.

1.2.2 Estado da investigação sobre a previsão do tempo de vida

A vida útil restante, RUL, refere-se à vida útil restante do sistema após um período de utilização normal, calculada a partir do momento atual até à ocorrência de uma potencial falha. O processo de avaliação da vida útil remanescente de um sistema mecânico é relativamente complicado. É necessário considerar exaustivamente experiências, teorias, condições de funcionamento actuais e referência às condições de funcionamento de sistemas semelhantes, avaliar o desempenho do sistema, prever a tendência futura de alteração do desempenho do sistema e estimar o tempo que pode continuar a funcionar, para determinar a sua vida útil restante, para tomar medidas eficazes a tempo de assegurar o funcionamento normal do sistema. Com o avanço da tecnologia de processamento de sensores e sinais e o desenvolvimento de algoritmos inteligentes, a previsão da vida útil tornou-se uma garantia importante para o funcionamento mecânico. Ao estudar a vida útil restante dos enrolamentos do motor, a sua vida útil pode ser prevista com maior precisão, proporcionando um apoio eficaz à decisão do sistema de manutenção, melhorando assim efetivamente a manutenção e o nível de manutenção do equipamento mecânico. Uma previsão exacta da vida útil pode ajudar a identificar rápida e eficazmente os potenciais perigos e a tomar as medidas necessárias para evitar desastres desnecessários. De um modo geral, de acordo com as caraterísticas do método de previsão, este pode ser dividido em previsão baseada em modelos matemáticos e físicos e previsão baseada em dados.

Referência [26] estabeleceu um modelo matemático da força dinâmica de engrenamento, que pode ser utilizado para prever o tempo de vida restante de cada engrenagem e rolamento num sistema de transmissão de engrenagens de uma turbina eólica. Referência [27] optimizou o número de estados de degradação e propôs um modelo de previsão de rede de crenças Bayesiana de saída Gaussiana mista que pode prever a vida útil restante da caixa de velocidades. Wang Jinhai[28] et al. construíram um novo modelo matemático baseado na curva SN para explorar o impacto das caraterísticas de atenuação da engrenagem na sua vida útil restante à medida que a velocidade de funcionamento muda. Estes métodos baseiam-se em modelos matemáticos ou modelos físicos e têm o problema dos efeitos gerais e da necessidade de cálculos manuais. Com o desenvolvimento contínuo da ciência e da tecnologia, os métodos baseados em dados têm sido amplamente utilizados e desenvolvidos.

A previsão da vida útil restante baseada em dados é conseguida através da análise e processamento razoáveis dos dados do histórico de funcionamento do motor. Os algoritmos comuns envolvidos incluem redes neurais convolucionais, máquinas de vectores de apoio, etc. Nos últimos anos, com o aprofundamento contínuo da investigação sobre a previsão da vida útil restante do equipamento, foram alcançados resultados consideráveis. Referência [29] adoptou o modelo de rede neural BP, simulando a rede neural num método matemático de nervos biológicos, para que possa aprender autonomamente e acumular experiência continuamente. Utiliza plenamente a rede neural BP para construir um modelo de reconhecimento do estado do equipamento e de previsão do tempo de vida útil restante. No entanto, em aplicações práticas, os dados são descontínuos e é difícil prever com exatidão a vida útil restante da engrenagem. Referências [30] combina máquinas de vectores de suporte e filtros de Kalman para prever a vida útil restante e verifica a eficácia do método com exemplos. Referência [31] utiliza o algoritmo da máquina de aprendizagem extrema para prever a tendência da vida útil restante da série temporal e compara-o com outros algoritmos para verificar a exatidão do algoritmo. As referências acima confirmam que os métodos tradicionais de aprendizagem automática podem ser utilizados numa vasta gama de domínios, mas são necessários conhecimentos suficientes de processamento de sinais para a extração de caraterísticas. Os métodos tradicionais de aprendizagem automática só conseguem lidar com alguns problemas simples. Quando se deparam com sinais complexos, mais ruído e um mapeamento complexo entre funções, é difícil lidar com eles. Por conseguinte, para estudar esses problemas, é necessário estudar novos métodos para criar modelos de previsão. Com o avanço contínuo da tecnologia, a aprendizagem profunda tornou-se um importante método de aprendizagem automática e tem sido amplamente utilizada. A aprendizagem profunda tem várias camadas ocultas e pode descrever com precisão a relação entre funções complexas. As vantagens da aprendizagem profunda reflectem-se em dois aspectos. Um deles é o facto de ter poderosas capacidades de extração de caraterísticas e o outro é o facto de poder exprimir relações de mapeamento complexas entre estados e dados, o que pode satisfazer os requisitos da análise não linear e da diversidade dos dados. O modo de pensamento da aprendizagem profunda é muito semelhante ao do cérebro humano. Utiliza a interação entre os neurónios para interpretar eficazmente dados complexos, como texto e discurso, proporcionando assim resultados mais precisos. Em 2016, devido ao rápido desenvolvimento da tecnologia informática, o AlphaGo derrotou os melhores jogadores de Go do mundo. Por conseguinte, a tecnologia de aprendizagem profunda tem recebido cada vez mais atenção e tem sido amplamente utilizada em diferentes domínios. A Rede Neuronal Recorrente (RNN) é uma tecnologia revolucionária de redes neuronais que pode lidar eficazmente com problemas complexos. Pode tomar decisões eficazes com base nas informações de entrada actuais e nas informações de retorno anteriores. medida que os dados das séries cronológicas aumentam, as redes neuronais tradicionais não conseguem satisfazer as necessidades, enquanto a tecnologia RNN pode processar eficazmente esses dados. No entanto, à medida que as séries temporais aumentam, a RNN pode correr o risco de desaparecimento ou explosão do gradiente, o que afectará a sua precisão e fiabilidade. Para resolver este problema, foi desenvolvida a rede neural de memória de curto prazo longa (LSTM). A LSTM) foi criada. Referência [32] propôs um novo modelo de previsão da vida útil restante em tempo real baseado na rede LSTM, que utiliza informações sobre a degradação do estado para prever a vida útil restante do equipamento e optimiza os parâmetros do modelo adicionando considerações de momento ao algoritmo de descida de gradiente estocástico para evitar cair no ótimo local. Referência [33] propôs um modelo melhorado de aprendizagem profunda que pode prever eficazmente a vida útil restante das pás do rotor de um motor de aeronave. O modelo adopta a tecnologia de fusão de sinais multi-sensor e utiliza a tecnologia de aprendizagem profunda para explorar a relação entre vários sinais de séries temporais. Referência [34] utiliza a plataforma experimental para recolher dados, combina uma rede neural recorrente de memória de curto prazo, extrai potenciais indicadores de desempenho e utiliza o mecanismo de auto-atenção para estabelecer a correlação entre caraterísticas, realizando assim a previsão da vida útil restante do sistema. Referência [35] propôs um método de previsão da vida útil restante do equipamento mecânico, que pode prever com precisão a vida útil restante do equipamento mecânico e, em comparação com o modelo tradicional, a fiabilidade deste método também foi fortemente verificada.

Atualmente, alguns países obtiveram grandes benefícios através da investigação da tecnologia de previsão da vida restante[36]. Ao estimar com exatidão a vida útil restante do equipamento, não só se pode reduzir a probabilidade de acidentes, como também se pode garantir eficazmente o funcionamento normal do equipamento. A China também está a realizar continuamente investigação neste domínio e fez alguns progressos, mas ainda agora começou. Existem ainda deficiências óbvias na investigação sobre a previsão da vida útil dos enrolamentos dos motores, sendo necessários mais esforços.

1.3 Conteúdo e estrutura principais da investigação

Este artigo estuda o diagnóstico de avarias de curto-circuitos entre espiras e a previsão da vida útil de motores síncronos de ímanes permanentes, e concebe e desenvolve um sistema de diagnóstico de avarias e de previsão da vida útil de motores através do software LabVIEW e SQL Server, realizando funções como o início de sessão do utilizador, a adição e seleção de informações sobre dispositivos, o diagnóstico de avarias e a previsão da vida útil.

Os principais conteúdos de cada capítulo estão organizados da seguinte forma:

Capítulo 1, Introdução. Este capítulo apresenta os antecedentes da investigação e a importância do tema. Apresenta também a situação da tecnologia de diagnóstico de avarias e de previsão de vida útil no país e no estrangeiro e introduz o conteúdo principal da investigação e a estrutura do presente documento.

Capítulo 2, Investigação sobre o modelo matemático do motor síncrono de ímanes permanentes. Introduz principalmente o princípio básico e o modelo matemático do motor síncrono de ímanes permanentes e modela o motor síncrono de ímanes permanentes em caso de defeito de curto-circuito entre curvas, lançando as bases para a investigação subsequente sobre o diagnóstico de defeitos de curto-circuito entre curvas do motor síncrono de ímanes permanentes.

Capítulo 3, baseado em IVMD (Improved Variational Mode Decomposition, IVMD) - MPFE (Multiscale PCA Feature Extraction, MPFE) - IBiLSTM (Improved Bi-diretional Long Short-term Memory, este artigo estuda o diagnóstico de curto-circuito inter-voltas do motor síncrono de ímanes permanentes baseado em IVMD-MPFE-IBiLSTM. Em primeiro lugar, são introduzidos os princípios básicos do VMD, a construção de caraterísticas multi-escala, o PCA e o BiLSTM; em seguida, é explicado o processo de diagnóstico de falhas de curto-circuito inter-voltas com base no

IVMD-MPFE-IBiLSTM; finalmente, as experiências de simulação mostram a precisão e a eficácia do algoritmo no diagnóstico de falhas de curto-circuito inter-voltas do motor síncrono de ímanes permanentes.

Capítulo 4, baseado na CNN-ISVM (Improved Support Vetor Machine, O documento introduz os princípios básicos e as estruturas da CNN e da SVM em pormenor, verifica o método de previsão da vida útil dos enrolamentos de motores síncronos de ímanes permanentes baseado na CNN-ISVM através de experiências de simulação, compara o modelo com outros métodos e conclui que o método de previsão da vida útil dos enrolamentos de motores síncronos de ímanes permanentes baseado na CNN-ISVM é melhor.

Capítulo 5, Implementação do sistema de diagnóstico de avarias do motor e de previsão de vida útil. A estrutura do sistema de diagnóstico de avarias e de previsão da vida útil do motor foi concebida e o sistema de diagnóstico de avarias e de previsão da vida útil do motor foi desenvolvido utilizando o software LabVIEW e a base de dados SQL Server, realizando funções como o início de sessão do utilizador, a adição de informações sobre o dispositivo, o diagnóstico de avarias e a previsão da vida útil.

Capítulo 6, O sistema servo do radar segue os alvos e efectua rastreios, mas o diagnóstico tradicional de falhas tem limitações. Este capítulo identifica os principais parâmetros utilizando FTA e FMECA e discute um sistema de aquisição de dados com base nesses parâmetros.

Capítulo 7, O sistema servo do radar tem uma estrutura multifacetada. Normalmente, o seu diagnóstico de falhas e a sua manutenção são efectuados a vários níveis, de acordo com a hierarquia estrutural do sistema, empregando técnicas de diagnóstico distintas para cada nível. Este capítulo analisa as abordagens de diagnóstico de falhas para os três níveis distintos do servo sistema de radar.

O Capítulo 8 explora uma técnica de previsão de falhas para servossistemas de radar. Constrói um vetor de caraterísticas a partir da degradação do sinal, utiliza-o num conjunto de séries temporais para a fusão de caraterísticas com base na rede SOM e mede a distância entre os vectores de caraterísticas e os pesos óptimos dos neurónios para traçar a curva de degradação do IH. Os dados desta curva são introduzidos numa rede LSTM para treino e previsão do valor HI futuro, obtendo-se a previsão de falhas. A validade do método é confirmada através de experiências.

O capítulo 9 fornece principalmente uma visão geral das informações relativas aos instrumentos virtuais, detalhando o fluxograma do processo comercial do sistema de software e a sua arquitetura abrangente. O software foi concebido para executar uma variedade de funções, incluindo a configuração do sistema, a aquisição de dados, a configuração da monitorização, a resolução de problemas de diagnóstico e a análise preditiva de falhas. Além disso, o capítulo elucida a utilidade prática do software, demonstrando as suas capacidades através de visualizações simuladas e do processamento de dados do mundo real.

Capítulo 2 Investigação sobre o modelo matemático do motor síncrono de ímanes permanentes

2.1 Princípio básico do motor síncrono de ímanes permanentes

2.1.1 Estrutura do motor síncrono de ímanes permanentes

Um motor síncrono de ímanes permanentes é um motor altamente fiável caracterizado por um íman permanente montado no rotor. O motor é um dispositivo mecânico constituído por um estator, um rotor e uma carcaça[37]sendo o estator o núcleo do motor. É constituído por um núcleo de armadura e um enrolamento trifásico. A sua principal função é gerar um campo magnético estático para fazer rodar o rotor e, assim, realizar o funcionamento do motor. O rotor é a parte dinâmica do motor, composto principalmente por um eixo rotativo e um ferro magnético. Pode acionar a rotação de outros dispositivos. A carcaça envolve os principais componentes internos do motor, o que pode evitar que o pó, a humidade e outros poluentes afectem o motor. Além disso, pode ajudar o motor a dissipar o calor e a manter o motor a funcionar durante muito tempo.

Os motores síncronos de ímanes permanentes podem ser classificados de acordo com a posição do rotor em tipos montados à superfície e montados no interior[38]conforme ilustrado na Figura 2.1. Os ímanes permanentes do motor síncrono de ímanes permanentes montado à superfície são colocados na carcaça do motor. Estes motores têm uma estrutura simples, baixo custo, pequena inércia rotacional e são fáceis de instalar. São amplamente utilizados nos domínios do controlo industrial, como bombas, ventiladores e transportadores. No entanto, a situação do motor síncrono de ímanes permanentes interno é exatamente o oposto. Os seus ímanes permanentes são colocados no interior do motor, o que dificulta o seu processo de fabrico. Embora o custo seja mais elevado, melhora a estabilidade de funcionamento, alarga a gama de regulação da velocidade e reduz o espaço de instalação. É amplamente utilizado em veículos eléctricos e turbinas eólicas que requerem uma elevada densidade de potência.

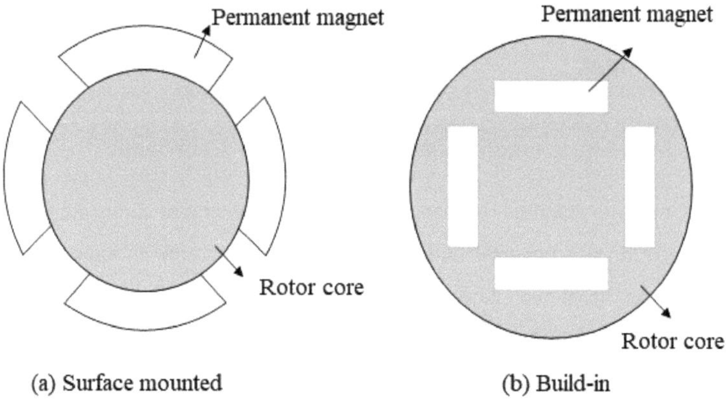

Fig.2.1 Diagrama da estrutura do rotor do PMSM

2.1.2 Princípio de funcionamento do motor síncrono de ímanes permanentes

O princípio de funcionamento do motor síncrono de ímanes permanentes é que a corrente alternada trifásica modulada pelo inversor trifásico entra no estator do motor e a armadura do estator gera um campo magnético. Neste momento, os ímanes permanentes no rotor do motor síncrono de ímanes permanentes interagem com o campo magnético rotativo gerado pela armadura do estator para formar um binário eletromagnético, fazendo com que o motor rode e realize o funcionamento do motor síncrono de ímanes permanentes. Desta forma, a energia eléctrica da força eletromotriz que passa através do enrolamento do estator pode ser convertida em energia cinética mecânica durante a rotação do rotor[39].

2.2 Modelo matemático do motor síncrono de ímanes permanentes

2.2.1 Modelo matemático do motor síncrono de ímanes permanentes em três sistemas de coordenadas

(1) Sistema de coordenadas ABC

Fórmula da tensão:

$$\begin{cases} u_a = R_s i_a + \dfrac{d\psi_a}{dt} \\ u_b = R_s i_b + \dfrac{d\psi_b}{dt} \\ u_c = R_s i_c + \dfrac{d\psi_c}{dt} \end{cases} \tag{2.1}$$

Fórmula do fluxo magnético:

$$\begin{cases} \psi_a = L_A i_a + M_{AB} i_b + M_{AC} i_c + \psi_f \cos 0 \\ \psi_B = L_B i_b + M_{BA} i_a + M_{BC} i_c + \psi_f \cos(\theta - \dfrac{2\pi}{3}) \\ \psi_C = L_C i_c + M_{CA} i_a + M_{CB} i_b + \psi_f \cos(\theta + \dfrac{2\pi}{3}) \end{cases} \tag{2.2}$$

Fórmula do binário eletromagnético:

$$T_e = p_n \psi_f [i_a \sin\theta + i_b \sin(\theta - \frac{2\pi}{3}) + i_c \sin(\theta + \frac{2\pi}{3})] \tag{2.3}$$

Fórmula mecânica do movimento:

$$\frac{d\omega}{dt} = T_e - T_L - B\omega \tag{2.4}$$

Na fórmula, i_a, i_b, i_c representam a corrente de fase do estator de cada fase, respetivamente; u_a,u_b,u_c representam a tensão de fase do estator de cada fase, respetivamente; R_s representa a resistência do enrolamento de cada fase; ψ_a , ψ_b , ψ_c representam o fluxo do estator trifásico, respetivamente; L_A,L_B,L_C representam o coeficiente de auto-indutância do enrolamento do estator, respetivamente; $\psi_f$representa o fluxo de excitação do íman permanente do rotor; $M_{XY} = M_{YX}$ representa o coeficiente de indutância mútua do enrolamento do estator; θ é o ângulo elétrico do eixo d em relação ao eixo da fase A; P_n é o número de pares de pólos; T_e representa o binário eletromagnético; T_L é o binário de carga; J é o momento de inércia; B é o coeficiente de amortecimento do motor.

(2) $\alpha\beta$ Sistema de coordenadas

Fórmula da tensão:

$$\begin{cases} u_\alpha = R_s i_\alpha + \dfrac{d\psi_\alpha}{dt} \\ u_\beta = R_s i_\beta + \dfrac{d\psi_\beta}{dt} \end{cases} \tag{2.5}$$

Fórmula da tensão:

$$\begin{cases} \psi_\alpha = i_\alpha(L_d \cos^2\theta + L_q \sin^2\theta) + i_\beta(L_d - L_q)\sin\theta\cos\theta + \dfrac{\sqrt{3}}{2}\psi_f \cos\theta \\ \psi_\beta = i_\alpha(L_d - L_q)\sin\theta\cos\theta + i_\beta(L_d \cos^2\theta + L_q \sin^2\theta) + \dfrac{\sqrt{3}}{2}\psi_f \sin\theta \end{cases} \tag{2.6}$$

Fórmula do binário eletromagnético:

$$T_e = \frac{3}{2}p_n(\psi_\alpha i_\beta - \psi_\beta i_\alpha) \tag{2.7}$$

Na fórmula, u_α, u_β são os vectores de tensão do eixo $\alpha\beta$ respetivamente; i_α, i_β são os vectores de corrente do $\alpha\beta$ eixo, respetivamente; ψ_α, ψ_β são os vectores do fluxo estatórico *do* $\alpha\beta$ eixo; L_d, $L_q$são as indutâncias de eixo direto e de eixo de quadratura do motor síncrono.

(3) dq Sistema de coordenadas

A fórmula da tensão é:

$$\begin{cases} u_d = R_s i_d + \dfrac{d\psi_d}{dt} - \omega\psi_q \\ u_q = R_s i_q + \dfrac{d\psi_q}{dt} + \omega\psi_d \end{cases} \tag{2.8}$$

Fórmula do fluxo magnético:

$$\begin{cases} \psi_d = L_d i_d + \psi_f \\ \psi_q = L_q i_q \end{cases} \tag{2.9}$$

Fórmula do binário eletromagnético:

$$T_e = \frac{3}{2} p_n[(i_q \psi_d + i_d i_q (L_d - L_q)] \quad (2.10)$$

u_d representa o vetor de tensão do d eixo; u_q representa o vetor de tensão do eixo; i_d representa o vetor de corrente do d eixo; i_q representa o vetor de corrente do q eixo; ψ_d representa o vetor do fluxo estatórico do d eixo; ψ_q representa o vetor do fluxo estatórico do q eixo.

2.2.2 Princípios básicos da transformação de coordenadas

(1) Transformadas de Clark e transformada inversa de Clark

No modelo matemático do motor, os parâmetros de cada enrolamento estão inter-relacionados. Por conseguinte, utilizando a transformação de coordenadas, esta correlação pode ser efetivamente eliminada, melhorando assim a eficiência do cálculo e da análise[40]. A transformação de Clarke é um método de transformação que converte o sistema de coordenadas ABC da fonte de alimentação CA trifásica num sistema de coordenadas vertical estacionário bifásico. $\alpha\beta$ vertical estacionário. Esta transformação está em conformidade com os princípios de conservação do fluxo magnético e da potência e pode eliminar termos de acoplamento múltiplos no modelo matemático do motor. Por conseguinte, a transformação de Clarke pode simplificar o modelo matemático do motor e ajudar a melhorar a eficiência e a precisão da análise. A transformação de Clarke é apresentada na Figura 2.2.

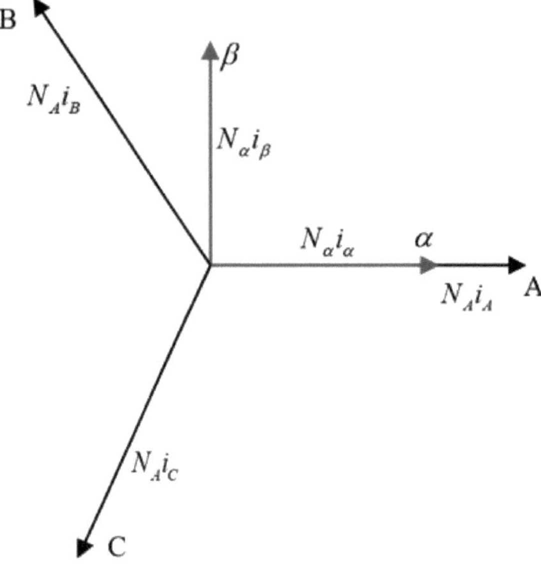

Fig.2.2 Diagrama de transformação de Clarke

Uma vez que os campos magnéticos entre as três fases e as duas fases do lado do estator seguem a lei da conservação, a relação do campo magnético entre eles pode ser expressa pela fórmula (2.11).

$$\begin{cases} N_\alpha i_\alpha = N_A i_A + N_A i_B \cos 120^\circ + N_A i_C \cos(-120^\circ) \\ N_\alpha i_\beta = N_A i_B \sin 120^\circ + N_A i_C \sin(-120^\circ) \end{cases} \quad (2.11)$$

Na fórmula (2.11), i_α, i_β são as correntes dos enrolamentos no sistema de coordenadas $\alpha\beta$ sistema de coordenadas estacionário bifásico; N_α representa o número efetivo de voltas no $\alpha\beta$ no sistema de coordenadas estacionário bifásico; N_A representa o número efetivo de espiras de cada fase do enrolamento do motor no sistema de coordenadas estacionárias trifásicas ABC. Se o motor N_A é K vezes N_α de acordo com a lei da conservação da potência, a fórmula da transformação de Clarke é calculada a partir da relação da força magnetomotriz na fórmula (2.11):

$$\begin{bmatrix} i_\alpha \\ i_\beta \end{bmatrix} = \sqrt{\frac{2}{3}} \begin{bmatrix} 1 & -\frac{1}{2} & -\frac{1}{2} \\ 0 & \frac{\sqrt{3}}{2} & -\frac{\sqrt{3}}{2} \end{bmatrix} \begin{bmatrix} i_A \\ i_B \\ i_C \end{bmatrix} \tag{2.12}$$

Por conseguinte, de acordo com a fórmula (2.12), a transformada inversa de Clarke pode ser deduzida como:

$$\begin{bmatrix} i_A \\ i_B \\ i_C \end{bmatrix} = \sqrt{\frac{2}{3}} \begin{bmatrix} 1 & 0 \\ -\frac{1}{2} & \frac{\sqrt{3}}{2} \\ -\frac{1}{2} & -\frac{\sqrt{3}}{2} \end{bmatrix} \begin{bmatrix} i_\alpha \\ i_\beta \end{bmatrix} \tag{2.13}$$

(2) Transformadas de Park e transformada inversa de Park

Através da transformação de Park, o sistema de coordenadas ABC da fonte de alimentação CA trifásica pode ser convertido num sistema de coordenadas verticais estacionárias bifásicas, reduzindo assim consideravelmente os parâmetros variáveis no tempo e os termos de acoplamento mútuo do motor síncrono de ímanes permanentes, simplificando grandemente a análise matemática e o modelo do motor e melhorando consideravelmente a eficiência e a precisão da análise. αβvertical estacionário bifásico, reduzindo assim grandemente os parâmetros variáveis no tempo e os termos de acoplamento mútuo do motor síncrono de ímanes permanentes, simplificando grandemente a análise matemática e o modelo do motor e melhorando grandemente a eficiência e a precisão da análise. A transformação de Park é apresentada na Figura 2.3.

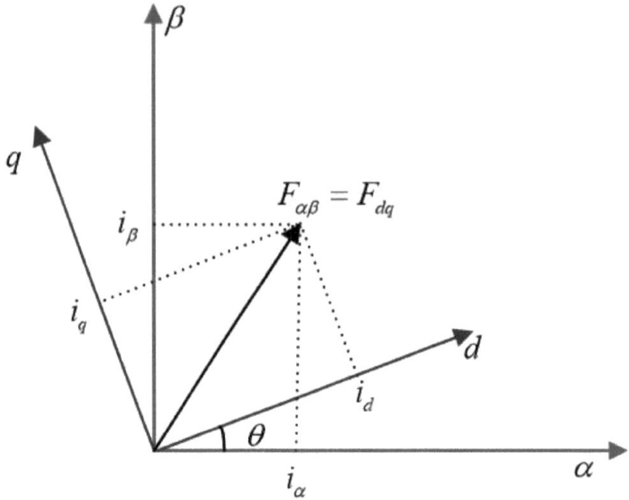

Fig.2.3 Diagrama de transformação do parque

Na Figura 2.3, i_d representa a corrente de eixo direto do motor; i_q representa a corrente de eixo em quadratura do motor. O número de voltas do estator $\alpha\beta$ é o mesmo que o número de voltas do sistema de coordenadas do estator dq do sistema de coordenadas rotativas bifásicas do estator, e os dois campos magnéticos $F_{\alpha\beta} = F_{dq}$ também são os mesmos. Portanto, através do princípio do campo magnético equivalente, a relação entre a $\alpha\beta$ corrente bifásica estática e a dq corrente bifásica estática e a corrente contínua bifásica rotativa do motor pode ser calculada, como mostra a fórmula (2.14).

$$\begin{cases} i_d = i_\alpha \cos\theta + i_\beta \sin\theta \\ i_q = -i_\alpha \sin\theta + i_\beta \cos\theta \end{cases} \tag{2.14}$$

Através da fórmula (2.14), a relação de transformação entre a corrente bifásica estática na extremidade do estator e a corrente CC bifásica rotativa no lado do rotor pode ser expressa pela fórmula (2.15).

$$\begin{bmatrix} i_d \\ i_q \end{bmatrix} = \begin{bmatrix} \cos\theta & \sin\theta \\ -\sin\theta & \cos\theta \end{bmatrix} \begin{bmatrix} i_\alpha \\ i_\beta \end{bmatrix} \tag{2.15}$$

Por conseguinte, de acordo com a fórmula (2.15), a fórmula da transformação inversa de Park pode ser deduzida como:

$$\begin{bmatrix} i_\alpha \\ i_\beta \end{bmatrix} = \begin{bmatrix} cos\,\theta & -sin\,\theta \\ sin\,\theta & cos\,\theta \end{bmatrix} \begin{bmatrix} i_d \\ i_q \end{bmatrix} \tag{2.16}$$

2.2.3 Modo de controlo básico do motor síncrono de ímanes permanentes

modos de controlo para motores síncronos de ímanes permanentes[41]Um é o modo de controlo vetorial e o outro é o modo de controlo direto do binário. O modo de controlo adequado pode ser selecionado de acordo com as necessidades específicas e os requisitos de desempenho do sistema. O controlo vetorial pode satisfazer as necessidades de controlo de alta precisão, enquanto o modo de controlo direto do binário pode ser selecionado para uma aplicação simples e rápida e para requisitos de baixa precisão. Ao adotar duas tecnologias de controlo diferentes, os motores síncronos de ímanes permanentes podem obter um binário eletromagnético estável e, assim, alcançar o efeito desejado. A diferença reside no facto de o controlo vetorial ser um controlo indireto que requer a medição do estado de funcionamento do motor e o controlo da tensão, da corrente e da frequência do motor para obter o melhor efeito de controlo, enquanto o binário direto é um controlo direto que não requer a medição do estado de funcionamento do motor, pelo que é fácil de implementar, mas tem pouca precisão.

(1) Modo de controlo vetorial

A teoria do controlo vetorial foi proposta pela primeira vez por académicos alemães. Pode resolver eficazmente o problema do controlo do binário dos motores CA e tem amplas perspectivas de aplicação[42]. Através da transformação de coordenadas, a corrente do estator pode ser dividida em corrente de excitação ortogonal e corrente de binário, realizando assim a separação do binário eletromagnético e do campo magnético. No entanto, é difícil para a tecnologia de controlo vetorial captar com precisão o fluxo do rotor. Por conseguinte, deve ser utilizado equipamento de deteção, como sensores de posição, para satisfazer os requisitos precisos dos parâmetros do motor. Com o aumento contínuo do equipamento de deteção, a estrutura do sistema de controlo vetorial dos motores síncronos de ímanes permanentes tornou-se cada vez mais complexa e o custo também aumentou em conformidade, o que também conduzirá a uma menor precisão de controlo e a uma velocidade de resposta mais lenta. Por conseguinte, para satisfazer necessidades específicas e melhorar o desempenho do sistema, devem ser adoptadas estratégias de controlo adequadas. De acordo com a mudança de corrente, a tecnologia de controlo vetorial pode ser dividida em três categorias: $i_d = 0$ controlo da relação de corrente de binário máximo e controlo magnético fraco.

(2) Controlo direto do binário

Na década de 1980, estudiosos alemães propuseram o modo de controlo direto do binário. Este modo de controlo tem as vantagens de uma estrutura simples e de uma resposta rápida ao binário, o que pode melhorar o desempenho do sistema[43]. Foi inicialmente utilizado para motores de indução. Com o avanço da ciência e da tecnologia, também tem sido amplamente utilizado em motores síncronos de ímanes permanentes, melhorando consideravelmente a sua eficiência de aplicação. A tecnologia de controlo direto do binário, sem a ideia de desacoplamento e a ligação de realimentação da corrente no controlo vetorial, pode obter um controlo preciso do fluxo do estator do motor e do seu binário. Esta tecnologia tem caraterísticas discretas e pode melhorar o desempenho do sistema. Comparando o binário com o sinal de fluxo e o sinal de referência, é possível obter o vetor de tensão espacial do estator, de modo a que o inversor possa controlar eficazmente o binário e a velocidade. A vantagem significativa do controlo direto do binário é que não há necessidade de uma transformação complexa das coordenadas do vetor espacial, o que reduz consideravelmente o custo de modelação e de funcionamento do motor e torna o processo de cálculo mais conveniente. Além disso, pode combinar eficazmente os parâmetros internos do motor com as condições reais de trabalho, de modo a que o desempenho do binário seja mais proeminente. A aplicação do controlo direto do binário no domínio da investigação de motores está a tornar-se cada vez mais comum, e muitos estudiosos realizaram uma exploração e investigação aprofundadas sobre o assunto.

2.3 Modelo matemático do curto-circuito entre espiras do motor síncrono de ímanes permanentes

Os motores síncronos de ímanes permanentes têm sido amplamente utilizados em várias indústrias devido à sua elevada eficiência, baixo ruído e elevada fiabilidade. No entanto, a falha de curto-circuito entre enrolamentos do estator é um problema comum nos motores síncronos de ímanes permanentes. Se não forem tomadas medidas eficazes a tempo, a solução levará à falha de todo o sistema, resultando em consequências graves. Uma vez que a camada de isolamento no enrolamento do estator está gravemente danificada, ocorrerá um curto-circuito de volta a volta. Especialmente em ambientes agressivos, o funcionamento a alta velocidade do motor e a sobrecarga contínua são mais susceptíveis de causar esta situação, resultando em falhas mais graves. Se não forem tratados a tempo, problemas como a desmagnetização do íman permanente[44]curto-circuito fase-fase[45] e curto-circuito à terra monofásico podem ocorrer, eventualmente causando O motor não pode funcionar normalmente, afectando assim o trabalho e a vida normais das pessoas.

Quando ocorre um defeito de curto-circuito de rotação para rotação no enrolamento do estator da fase a do motor síncrono de ímanes permanentes, os parâmetros relevantes alteram-se em conformidade. A figura 2.4 é um diagrama esquemático equivalente de um defeito de curto-circuito de rotação para rotação no enrolamento do estator da fase a do motor síncrono de ímanes permanentes. Na Figura 2.4, o enrolamento do motor a-é dividido em duas partes pela resistência de curto-circuito $R_f$uma parte é a parte normal a_1e a outra parte é a parte defeituosa a_2, i_f representa a corrente de curto-circuito que passa pela resistência R_f.

A relação de transformação em curto-circuito é definida como:

$$u = \frac{n}{N} \tag{2.17}$$

n representa o número de voltas em curto-circuito do enrolamento do estator de uma determinada fase do motor, e N representa o número total de voltas do enrolamento do estator dessa fase do motor.

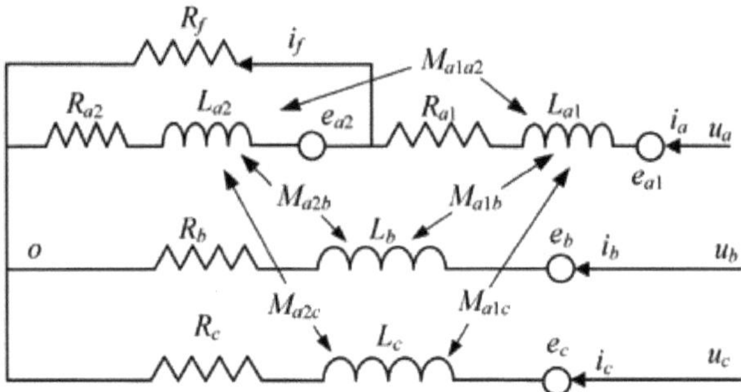

Fig.2.4 Modelo equivalente PMSM de fase e defeito de curto-circuito entre espiras

Quando ocorre um curto-circuito de voltagem para volta, a fórmula de tensão do motor síncrono de ímanes permanentes muda, como se mostra na fórmula (2.18).

$$V_{sf} = R_{sf} i_{sf} + L_{sf} \frac{di_{sf}}{dt} + e_{sf} + V_0 \tag{2.18}$$

Nele:

$$V_{sf} = \begin{bmatrix} R_{a1} + R_{a2} & 0 & 0 & -R_{a2} \\ 0 & R_b & 0 & 0 \\ 0 & 0 & R_c & 0 \\ R_{a2} & 0 & 0 & -u(R_{a1} + R_{a2}) - R_f \end{bmatrix} \tag{2.19}$$

Entre eles, V_{sf} é a matriz de resistência; R_{a1} é a resistência do enrolamento do estator a_1; R_{a2} é a resistência do enrolamento do estator a_2; R_bé a resistência do enrolamento do estator b; R_c é a resistência do enrolamento do estator c; i_a é a corrente do enrolamento do estator; i_b é a corrente do enrolamento do estator da fase b; i_c é a corrente do enrolamento do estator da fase c; $i_{sf} = [i_a \quad i_b \quad i_c \quad i_d]^T$ é a matriz de corrente; i_f

representa a corrente de curto-circuito; R_f representa a resistência de defeito.

A matriz de indutância é:

$$L_{sf} = \begin{bmatrix} L_{a1} + L_{a2} + 2M_{a1a2} & M_{a1b} + M_{a2b} & M_{a1c} + M_{a2c} & -L_{a2} - M_{a1a2} \\ M_{a1b} + M_{a2b} & L_b & M_{bc} & -M_{a2b} \\ M_{a1c+}M_{a2c} & M_{bc} & L_c & -M_{a2c} \\ L_{a2} + M_{a1a2} & M_{a2b} & M_{a2c} & -L_{a2} \end{bmatrix} \quad (2.20)$$

Entre eles, L_{a1}, L_{a2}, L_b e L_c representam a auto-indutância dos enrolamentos do estator a_1, a_2, b e c respetivamente, e $M_{j,k}$ representa a indutância mútua dos enrolamentos do estator j e k.

Entre eles $j \in \{a_1, a_2, b, c\}$, $k \in \{a_1, a_2, b, c\}$.

A matriz dos CEM de retorno do enrolamento trifásico do estator e do enrolamento de curto-circuito é a seguinte

$$e_{\sigma f} = \begin{bmatrix} e_a \\ e_b \\ e_c \\ e_d \end{bmatrix} = \frac{d}{dt} \begin{bmatrix} \lambda_{PM,a} \\ \lambda_{PM,b} \\ \lambda_{PM,c} \\ \lambda_{\lambda_{PM,f}} \end{bmatrix} \quad (2.21)$$

Nele:

$$\begin{cases} \lambda_{PM,a} = \lambda_{PM,1} \cos(\theta) + \sum_{v=2k+1} \lambda_{PM,v} \cos(v\theta - \theta_v) \\ \lambda_{PM,b} = \lambda_{PM,1} \cos(\theta - \frac{2\Pi}{3}) + \sum_{v=2k+1} \lambda_{PM,v} \cos(v\theta - \theta_v \frac{2\Pi}{3}) \\ \lambda_{PM,b} = \lambda_{PM,1} \cos(\theta + \frac{2\Pi}{3}) + \sum_{v=2k+1} \lambda_{PM,v} \cos(v\theta - \theta_v + v\frac{2\Pi}{3}) \\ \lambda_{PM,b} = u\lambda_{PM,a} \end{cases} \quad (2.22)$$

$k \in Z$, $\lambda_{PM,1}$ representa a amplitude fundamental do fluxo, $\lambda_{PM,f}$ representa o fluxo do enrolamento em curto-circuito; $\lambda_{PM,v}$ representa a v-ésima amplitude harmónica do fluxo; θ representa o ângulo elétrico do rotor; θ_v representa o ângulo entre a fundamental e a v-ésima harmónica do fluxo; $V_0 = [V_0 \quad V_0 \quad V_0 \quad 0]^T$ representa a tensão de sequência zero.

Os enrolamentos trifásicos de um motor síncrono de ímanes permanentes têm normalmente a mesma resistência, auto-indutância e indutância mútua. Quando o número de voltas de curto-circuito muda, a força eletromotriz de retorno, a resistência e a indutância do enrolamento do estator mudam, e a sua relação é mostrada abaixo.

$$\begin{cases} R_{a1} = (1-u)R_a \\ R_{a2} = uR_a \\ L_{a1} = (1-u)^2 L_a \\ L_{a2} = u^2 L_a \end{cases} \tag{2.23}$$

$$\begin{cases} M_{a1a2} = u(1-u)L_a \\ M_{a2b} = (1-u)M_{ab} \\ M_{a2c} = (1-u)M_{ac} \\ M_{a2b} = uM_{ab} \\ M_{a2c} = uM_{ac} \end{cases} \tag{2.24}$$

$$\begin{cases} \lambda_{PM,f} = u\lambda_{Pm,a} \\ e_f = ue_a \end{cases} \tag{2.25}$$

Quando um motor síncrono de ímanes permanentes tem um defeito de curto-circuito de rotação para rotação, o binário eletromagnético é o indicado na fórmula (2.26):

$$T_e = \frac{e_a i_a + e_b i_b + e_c i_c - e_f i_f}{\omega_r} \tag{2.26}$$

Entre eles, $w_r = \frac{w_e}{n_p}$ é a velocidade angular mecânica do rotor, n_p é o número de pares de pólos do motor e w_e é a velocidade angular eléctrica do rotor do motor síncrono de ímanes permanentes.

2.4 Simulação do circuito curto entre espiras do motor síncrono de ímanes permanentes

Para estudar as alterações dos parâmetros do motor síncrono de ímanes permanentes em caso de defeito de curto-circuito entre espiras, o enrolamento do estator da fase A sofre um defeito de curto-circuito entre espiras depois de o motor síncrono de ímanes permanentes funcionar normalmente durante 0,5 s através da simulação Simulink no MATLAB. O modelo de simulação é apresentado na Figura 2.5. A forma de onda da corrente do estator é apresentada na Figura 2.6. Pode ver-se na figura que as correntes trifásicas em condições normais são obviamente alterações periódicas. Neste documento, a corrente do estator da fase a é selecionada como a caraterística de defeito para detetar a ocorrência do defeito.

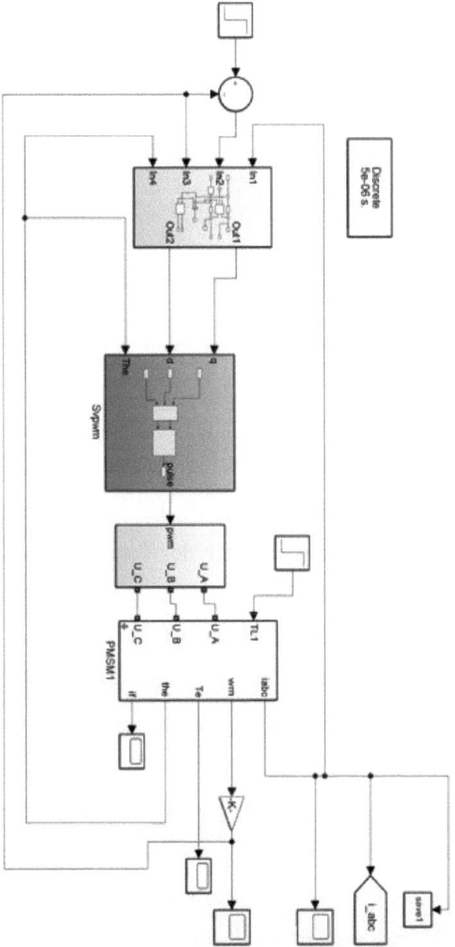

Fig.2.5 Diagrama de simulação de um curto-circuito entre espiras do enrolamento do estator de uma fase de um motor síncrono de ímanes permanentes

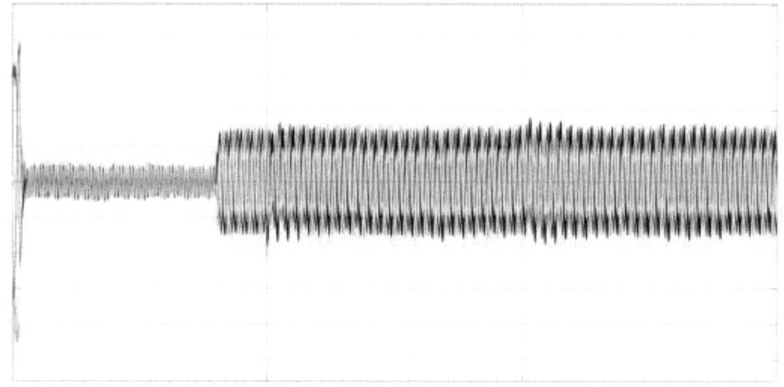

Fig.2.6 Forma de onda da corrente do estator

Em circunstâncias normais, não será gerada qualquer corrente de curto-circuito no motor síncrono de ímanes permanentes, pelo que o seu valor é zero. No entanto, quando ocorre um defeito de curto-circuito de rotação para rotação, forma-se um circuito de curto-circuito, gerando assim uma corrente de curto-circuito. Pode ver-se a partir dos resultados da simulação que, quando ocorre um defeito de curto-circuito de rotação para rotação no motor síncrono de ímanes permanentes, a corrente do estator muda significativamente. Por conseguinte, a corrente do estator é utilizada como uma caraterística de avaria para detetar com precisão a avaria de curto-circuito inversão de marcha do motor síncrono de ímanes permanentes, lançando as bases para o diagnóstico da avaria de curto-circuito inversão de marcha do motor síncrono de ímanes permanentes no capítulo seguinte, de modo a que a avaria possa ser eficazmente detectada na fase inicial da avaria e o problema possa ser identificado de forma atempada e precisa, garantindo assim a segurança e a fiabilidade do motor, o que é de grande importância.

2.5 Resumo

Este capítulo apresenta os princípios básicos e os modelos matemáticos dos motores síncronos de ímanes permanentes e constrói um modelo de motor síncrono de ímanes permanentes com defeito de curto-circuito de rotação para rotação através de MATLAB/Simulink. Os resultados mostram que, após a ocorrência de um curto-circuito de rotação para rotação, a corrente do estator do motor síncrono de ímanes permanentes muda em conformidade. A corrente do estator com alterações óbvias é selecionada como a caraterística de avaria para detetar com precisão a avaria de curto-circuito inversão de marcha do motor síncrono de ímanes permanentes, lançando as bases para o diagnóstico da avaria de curto-circuito inversão de marcha do motor síncrono de ímanes permanentes no próximo capítulo.

Capítulo 3 Estudo do diagnóstico de curto-circuito entre espiras de um motor síncrono de ímanes permanentes baseado em IVMD-MPFE-IBiLSTM

Para que o motor síncrono de ímanes permanentes funcione de forma segura e fiável, é muito necessário efetuar um diagnóstico de avarias. Os motores síncronos de ímanes permanentes têm sido amplamente utilizados em vários domínios devido à sua elevada eficiência, baixo ruído e elevada fiabilidade, mas o curto-circuito inversor é um problema fácil de ocorrer. O curto-circuito de rotação do estator é causado por danos na camada de isolamento. Quando ocorre uma avaria de curto-circuito de rotação para rotação, em condições de trabalho difíceis, se o motor continuar a trabalhar a uma velocidade mais rápida e durante mais tempo, agravará os danos na camada de isolamento e produzirá consequências mais graves. Para realizar o diagnóstico inteligente de curto-circuito de curva para curva, é proposto um método de diagnóstico de falhas de curto-circuito de curva para curva baseado em IVMD-MPFE-IBiLSTM, e a precisão e eficácia deste método no diagnóstico de falhas de curto-circuito de curva para curva do motor síncrono de ímanes permanentes são verificadas através de experiências de simulação.

3.1 Princípio de diagnóstico do defeito de curto-circuito entre espiras baseado em IVMD-MPFE-IBiLSTM

3.1.1 Decomposição do modo variacional melhorada

Em 2014, foi proposta a decomposição do modo variacional[46] que pode efetivamente ordenar sinais complexos não lineares e não estacionários de baixo para cima e decompô-los automaticamente em múltiplos componentes modais, obtendo assim bons resultados de processamento. Este método resolve os problemas de aliasing modal e sensibilidade ao ruído nos métodos tradicionais, como o EMD, e pode evitar as deficiências dos modelos recursivos. Além disso, o VMD pode processar sinais de vibração complexos não lineares e não estacionários e melhorar a eficiência da análise. Os métodos comuns de análise e processamento de sinais são os seguintes.

(1) Decomposição de pacotes de Wavelet

A decomposição de pacotes de wavelets foi proposta pela primeira vez em 1992[47]. Trata-se de uma forma alargada de transformada wavelet que decompõe o sinal numa série de sub-bandas, o que é mais preciso do que as transformadas wavelet tradicionais. A diferença entre as duas é que a decomposição de pacotes de ondas pode selecionar o filtro correspondente e o nível de decomposição de acordo com as necessidades, tornando o modelo mais preciso. A ideia básica da decomposição de pacotes de wavelets é decompor o sinal em duas sub-bandas e, em seguida, decompor ainda mais as duas sub-bandas. Quando a decomposição atinge o número necessário de níveis ou de precisão, a decomposição pára. Cada sub-banda decomposta pode ser dividida em sub-sinais de alta frequência e sub-sinais de baixa frequência, sendo que ambos fazem parte do sinal original. A tecnologia de análise de pacotes de ondas tornou-se uma ferramenta importante no domínio do processamento de informação, utilizada principalmente na eliminação de ruído, compressão e processamento de imagens.

A vantagem da decomposição de pacotes wavelet é que é altamente flexível, e o filtro correspondente e a camada de decomposição podem ser selecionados de acordo com as necessidades. Tem uma forte capacidade de localização do sinal e pode captar com precisão as caraterísticas locais do sinal e pode ter resultados precisos de análise do sinal. No entanto, a sua desvantagem é que, quando se depara com o processamento de dados em grande escala, requer múltiplas decomposições e reconstruções internas, o que leva muito tempo a calcular, é sensível a alterações locais no sinal e requer uma redução de ruído e suavização adequadas.

(2) Decomposição do valor singular (SVD)

Na década de 1950, foram propostos o conceito e o método de

decomposição do valor singular[48]. Posteriormente, a teoria foi continuamente estudada até à década de 1960, altura em que foi publicado um artigo intitulado "Computing Matrix Singular Values and Singular Vectors" e foi proposta a forma completa da decomposição do valor singular. Posteriormente, a decomposição do valor singular tem sido amplamente estudada e aplicada. Com o desenvolvimento contínuo da matemática moderna e da ciência da computação, a eficiência computacional e a precisão da decomposição do valor singular foram muito melhoradas, tornando possível o processamento de dados maiores e mais complexos. Tem sido amplamente utilizada na aprendizagem automática, no processamento de sinais, no processamento de imagens, no processamento de linguagem natural e noutros domínios, e tem um importante valor teórico e de aplicação.

A decomposição em valores singulares é um importante método moderno de análise numérica. As suas vantagens são o facto de poder reduzir a dimensão, o espaço de armazenamento e a complexidade computacional dos dados. A decomposição do valor singular pode ser utilizada para eliminar o ruído e os valores atípicos nos dados e pode comprimir a matriz, poupando assim recursos de computação e armazenamento. No entanto, a sua desvantagem é que a decomposição do valor singular é facilmente afetada pelo ruído dos dados e por valores aberrantes, tornando o modelo impreciso, e várias decomposições do valor singular podem representar a mesma matriz, tornando o resultado possivelmente não único. Em resumo, a decomposição do valor singular tem uma vasta gama de aplicações, mas também tem algumas limitações e desvantagens, que têm de ser ponderadas e selecionadas em cenários de aplicação específicos.

(3) Decomposição do modo empírico (EMD)

Na década de 1990, foi proposta a técnica de decomposição de modo empírico[49]. Trata-se de um método baseado na decomposição adaptativa de sinais, que divide sinais complexos não lineares e não estacionários em vários modos independentes. Cada sinal decomposto tem monotonicidade e auto-similaridade, proporcionando uma nova ideia para o campo da análise de sinais. A decomposição do modo empírico é um método de processamento de sinais adaptativo que não requer conhecimento prévio e tem sido amplamente utilizado em muitos domínios, como o processamento de imagens, o processamento de voz e a análise financeira. As vantagens da decomposição do modo empírico são o facto de não exigir conhecimentos prévios, ter boa adaptabilidade e robustez e poder descrever bem as caraterísticas locais e a estrutura do sinal. A desvantagem da decomposição de modo empírico é que os resultados da decomposição têm certas incertezas, e o mesmo sinal pode produzir diferenças nos diferentes resultados da decomposição. O processo de decomposição pode ser afetado por ruído, resultando em resultados imprecisos. É necessário processar o sinal após a decomposição em modo empírico, como a eliminação de possíveis efeitos de decomposição de pseudo-sinais e de processamento de pontos finais, para que os resultados da decomposição sejam mais fiáveis. Com o desenvolvimento da tecnologia, a tecnologia de processamento adaptativo de sinais de vibração não lineares e não estacionários conseguiu ultrapassar as limitações dos métodos tradicionais de análise de sinais de vibração e pode processar sinais de vibração complexos de forma mais eficiente.

O método VMD é mais resistente ao ruído de amostragem. Como o método de otimização do modelo variacional adopta o método do multiplicador de direção alternada, também evita o efeito de ponto final e o aliasing de modo causado pela decomposição recursiva cíclica do método tradicional de decomposição do modo empírico. A seleção do número de decomposições K do VMD é crucial. Se o valor de K for demasiado grande, pode provocar uma falha, de modo que a informação sobre a caraterística da falha do sinal original não pode ser captada eficazmente; pelo contrário, se o valor de K for demasiado pequeno, pode haver uma intersecção entre os modos decompostos, de modo que as caraterísticas da falha dos modos adjacentes não podem ser identificadas eficazmente, dificultando assim a deteção eficaz de sinais fracos. α Como parâmetro importante, pode efetivamente transformar o problema variacional restrito num problema variacional não restrito, o que pode melhorar significativamente a largura de banda do componente de decomposição do sinal, acelerando assim consideravelmente a velocidade de convergência do algoritmo. O algoritmo do lobo cinzento tem uma elevada eficiência de pesquisa, e a ideia do algoritmo é simples, não envolve cálculos matemáticos complexos e pode ser facilmente implementado e chamado. Por isso, o algoritmo de otimização do lobo cinzento é utilizado para otimizar os parâmetros do VMD.

3.1.1.1 Introdução ao Princípio da Decomposição do Modo Variacional

O sinal de entrada $f(t)$ pode ser decomposto em sinais de componentes modais múltiplos u_k[50][50] através de VMD. O sinal de componente modal u_k é convertido num espetro de um só lado utilizando a transformada de Hilbert. Em seguida, para modular o espetro de cada componente modal u_k para a banda de base correspondente, é adicionado um termo exponencial, que se torna um problema variacional[51] , como mostra a fórmula (3.1).

$$\min\left\{\sum_k \left\| \partial_t\left[\left(\delta(t)+\frac{j}{\Pi t}\right)\cdot u(t)\right]e^{-jw_k t}\right\|_2^2\right\} \qquad (3.1)$$

$$\text{s.t.}\sum_k u_k = f$$

Ao introduzir o operador de multiplicação de Lagrange $\lambda_{(t)}$ e o fator de penalização quadrático, este problema variacional com restrições é transformado num problema variacional sem restrições[52]e é resolvido utilizando o método do multiplicador de direção alternada. Após a transformação da isometria de Fourier para o domínio da frequência, a expressão de atualização u_k^{n+1} é calculada como indicado na fórmula (3.2) e a expressão de atualização de w_k^{n+1} é apresentada na fórmula (3.3).

$$\hat{u}_k^{n+1}(w) = \frac{\hat{f}(w) - \sum_{i\neq k}\hat{u}_i(w) + \frac{\hat{\lambda}(w)}{2}}{1 + 2\alpha(w - w_k)^2} \qquad (3.2)$$

$$w_k^{n+1} = \frac{\int_0^\infty w|\hat{u}_i(w)|^2 dw}{\int_0^\infty |\hat{u}_k(w)|^2 dw} \qquad (3.3)$$

3.1.1.2 Otimização dos parâmetros da decomposição do modo variacional

Se o valor de K for demasiado grande, pode haver um risco de falhas na decomposição do sinal. Se o valor K for demasiado pequeno, a decomposição do sinal pode não ser suficientemente exaustiva, ou pode mesmo ocorrer um aliasing de frequência. Como resultado, é difícil identificar as informações de caraterísticas de falhas dos componentes modais adjacentes. O valor K tem uma grande influência na extração de caraterísticas de sinais fracos. Ao introduzir um fator de penalização αo problema variacional restrito pode ser efetivamente convertido num problema não restrito. A dimensão deste parâmetro afecta diretamente a velocidade de convergência do algoritmo e a largura de banda da componente modal. Quanto maior for o valor de α menor será a largura de banda da componente modal do FMI. Os parâmetros K e α do VMD são predefinidos com base na experiência e podem ser ajustados de acordo com necessidades específicas, o que é altamente subjetivo e representa uma perda de tempo. O Algoritmo do Lobo Cinzento pode saltar para fora da área e encontrar a solução óptima global quando encontra um ótimo local, especialmente no processo de iteração posterior. O Algoritmo da Gray Wolf tem uma elevada eficiência de pesquisa e pode normalmente encontrar a solução óptima num curto espaço de tempo. O algoritmo da Gray Wolf só precisa de ajustar alguns parâmetros e pode lidar com uma variedade de problemas de otimização. A ideia do algoritmo é simples e não envolve cálculos matemáticos complexos. Pode ser facilmente implementado e chamado. Este capítulo utiliza o Algoritmo do Lobo Cinzento para otimizar K e α.

Com base numa investigação aprofundada sobre as actividades de caça das alcateias de lobos, os cientistas propuseram um novo algoritmo de otimização, o algoritmo do lobo cinzento[53]. De acordo com a aptidão dos lobos cinzentos, estes são ordenados de alto a baixo e divididos em quatro níveis: α lobo , β lobo , δ lobo, e ω lobo. Entre eles, α o lobo é a melhor solução, β o lobo é a segunda melhor solução, δ lobo é a terceira melhor solução, e ω o lobo é a solução candidata.

Quando a população de lobos cinzentos caça para se alimentar, os passos podem ser divididos em três etapas: a primeira etapa é o rastreio, a segunda etapa é o cerco e a terceira etapa é o ataque à presa. De acordo com o modelo matemático, a aptidão de alta a baixa corresponde ao α lobo, β lobo e δ lobo na alcateia, enquanto os outros indivíduos de aptidão correspondem ao ω lobo. O algoritmo do lobo cinzento é especificamente mapeado para o modelo matemático, como mostram as fórmulas (3.4) e (3.5).

$$D = \left|CX_p - X_{(t)}\right| \tag{3.4}$$

$$X_{(t+1)} = X_p(t) - AD \tag{3.5}$$

Na fórmula (3.4), D é a posição relativa entre o indivíduo lobo cinzento e a presa alvo; t representa o número atual de iterações; C é o coeficiente. Na fórmula (3.5), A é o coeficiente; X_p representa a posição do alvo; e $X_{(t)}$ representa a posição atual do lobo cinzento. Entre eles, o coeficiente Ce Ao valor do coeficiente é determinado pela seguinte fórmula:

$$C = 2r_1 \tag{3.6}$$

$$A = 2ar_2 - a \tag{3.7}$$

$$a = 2 - 2\frac{t}{T_{max}} \tag{3.8}$$

Na fórmula acima, r_1, r_2 são os números aleatórios de $[0,1]$, α diminui linearmente de 2 para 0 com a alteração do *número de* iterações Te T_{max} é o número máximo de iterações.

As fórmulas (3.4) a (3.8) acima descritas são o rastreio da localização da presa pela população de lobos cinzentos. O passo seguinte consiste em circundar a presa e mapeá-la no modelo matemático, que é a posição actualizada ω actualizada, que pode ser obtida a partir da posição de α, β, δ.

$$\begin{cases} D_\alpha = |C_1X_\alpha - X| \\ D_\beta = |C_2X_\beta - X| \\ D_\delta = |C_3X_\delta - X| \end{cases} \tag{3.9}$$

Na fórmula (3.9), D_α representa a distância entre α e o indivíduo de lobo cinzento na iteração atual; D_β representa a distância entre β e o indivíduo do lobo cinzento na iteração atual; D_δ representa a distância entre δ e o indivíduo do lobo cinzento na iteração atual; C_1, C_2, C_3 são os coeficientes correspondentes; X_α representa a posição atual de α; X_β representa a posição atual de β; X_δ representa a posição atual de δ; depois X representa a posição do indivíduo lobo cinzento da iteração atual.

Quando a presa pára de se mover, os lobos cinzentos atacam rapidamente para atingir os seus objectivos de caça. A localização dos indivíduos de lobo cinzento é apresentada na seguinte fórmula:

$$\begin{cases} X_1 = X_\alpha - A_1 \cdot D_\alpha \\ X_2 = X_\beta - A_2 \cdot D_\beta \\ X_3 = X_\delta - A_3 \cdot D_\delta \end{cases} \tag{3.10}$$

$$X_{(t+1)} = \frac{X_1 + X_2 + X_3}{3} \tag{3.11}$$

As fórmulas (3.10) e (3.11) X_1, X_2, X_3 representam o tamanho do passo e a direção em que o ω lobo avança em direção a α, β, δenquanto $X_{(t+1)}$ representa a posição do lobo ω do lobo no final da iteração.

O VMD deve ser decomposto em K componentes, que são $imf_1, imf_2, \cdots, imf_K$e a correlação de Pearson com os sinais originais são $p_1, p_2, \cdots, p_K$e a curtose é $K_{v1}, K_{v2}, \cdots, K_{vK}$ respetivamente, e o produto da correlação de Pearson p_i e o K_{vi} da curtose $(i \in \{1,2,\cdots,K\})$ é obtido, e o valor máximo do produto da correlação de Pearson p e da curtose K_v é utilizado como o valor f_{max} da função objetivo da otimização, como mostra a fórmula (3.13).

$$K_v = \frac{\sum_{i=1}^{N}(|X_i| - \bar{X})^4}{\partial^4} \tag{3.12}$$

$$f_{max} = p \cdot K_v \tag{3.13}$$

3.1.2 Construção e otimização de caraterísticas multi-escala

Para identificar com maior precisão o curto-circuito entre espiras dos motores síncronos de ímanes permanentes e garantir a segurança, a fiabilidade e a estabilidade do funcionamento do motor, é necessário extrair caraterísticas eficazes que possam refletir o seu estado de avaria. A extração de caraterísticas em várias escalas pode não só obter a informação global do sinal, mas também considerar as caraterísticas locais do sinal. Por conseguinte, com base nas caraterísticas tradicionais do domínio tempo-frequência, as vantagens do espaço multi-escala podem ser utilizadas para resolver eficazmente o problema da sobreposição do espaço de caraterísticas e da complexidade do sinal em várias escalas, construindo assim indicadores de caraterísticas multi-escala como uma base importante para a classificação de avarias.

3.1.2.1 Construção de caraterísticas multi-escala

Para a sequência no domínio do tempo $\{x_1, x_2, \cdots x_n\}$a segmentação do sinal de comprimento τ é efectuada, em que o j-ésimo segmento de sinal é:

$$\{x_{p,(j-1)\tau+1}, x_{p,(j-1)\tau+2}, \cdots, x_{p,j\tau}, \cdots\}(1 \leq j \leq \frac{n}{\tau}) \tag{3.14}$$

Obter a sequência de granulometria grosseira correspondente $y^{(\tau)}$como indicado na fórmula (3.15):

$$\begin{cases} y^{(\tau)} = \{y_1^{(\tau)}, y_2^{(\tau)}, \cdots, y_j^{(\tau)}, \cdots\} \\ y_j^{\tau} = \dfrac{1}{\tau} \displaystyle\sum_{i=(j-1)\tau+1}^{j\tau} x_i \end{cases}, 1 \leq j \leq \frac{n}{\tau} \tag{3.15}$$

Na fórmula: τ representa o fator de escala. As caraterísticas multi-escala são utilizadas para extrair as caraterísticas do domínio tempo-frequência de sequências de granulação grosseira $y^{(\tau)}$ em diferentes escalas. Quando $\tau = 1$, a sequência multi-escala $y^{(1)}$ é a sequência original no domínio do tempo, sendo calculadas as caraterísticas tradicionais no domínio do tempo.

As caraterísticas multi-escala consistem em extrair várias caraterísticas do domínio tempo-frequência de sequências de granulação grosseira de diferentes escalas. A sequência multi-escala nesse momento é a sequência original no domínio do tempo, e o que é calculado atualmente é a caraterística tradicional no domínio do tempo.

As caraterísticas do domínio tempo-frequência utilizadas neste capítulo são o máximo, o mínimo, a média, o pico a pico, a média dos valores absolutos, a assimetria, a variância, o desvio padrão, a curtose, a raiz quadrada média, o fator de forma de onda, o fator de margem, o fator de impulso, o fator de pico, a frequência do centróide, a frequência quadrada média, a variância da frequência, a raiz quadrada média da frequência e o desvio padrão da frequência. A Tabela 3.1 apresenta as fórmulas para calcular cada caraterística.

Tabela 3.1 A fórmula de cálculo para as caraterísticas do domínio tempo-frequência

Parâmetros caraterísticos	Expressão	Parâmetros caraterísticos	Expressão
Máximo	$F_1 = max(x_i)$	Mínimo	$F_2 = min(x_i)$
valor médio	$F_3 = \frac{1}{N}\sum_{i=1}^{N} x_i$	De pico a pico	$F_4 = F_1 - F_2$
Valor absoluto média de	$F_5 = \frac{1}{N}\sum_{i=1}^{N} \lvert x_i \rvert$	Skewness	$F_6 = \frac{1}{N}\sum_{i=1}^{N}(x_i - F_3)^3$
variação	$F_7 = \frac{1}{N}\sum_{i=1}^{N}(x_i - F_3)^2$	Desvio padrão	$F_8 = \sqrt{\frac{1}{N}\sum_{i=1}^{N}(x_i - F_3)^2}$
Curtose	$F_9 = \frac{\frac{1}{N}\sum_{i=1}^{N}(x_i - F_3)^4}{{F_8}^4}$	RMS	$F_{10} = \sqrt{\frac{1}{N}\sum_{i=1}^{N} x_i^2}$
Fator de forma	$F_{11} = \frac{F_{10}}{F_5}$	Fator de crista	$\mathrm{F}_{12} = \frac{\mathrm{F}_4}{\mathrm{F}_{10}}$
Fator de impulso	$F_{13} = \frac{F_4}{F_5}$	Fator de margem	$F_{14} = \frac{F_4}{\left(\frac{1}{N}\sum_{i-1}^{N}\sqrt{\lvert x_i \rvert}\right)^2}$
Frequência do centro de gravidade	$F_{15} = \frac{\sum_{k=1}^{K}(f_k y_k)}{\sum_{k=1}^{K} y_k}$	Frequência quadrada média	$F_{16} = \frac{\sum_{k=1}^{K}(f_k^2 y_k)}{\sum_{k=1}^{K} y_k}$
Variação de frequência	$F_{17} = \frac{\sum_{k=1}^{K}((f_k - F_{15})^2 y_k)}{\sum_{k=1}^{K} y_k}$	Frequência RMS	$F_{18} = \sqrt{F_{16}}$

Frequência desvio padrão	$F_{19} = \sqrt{F_{17}}$

No Quadro 3.1, o y_k é o espetro do sinal x_i $(k = 1,2,...,K)$em que K é o número de linhas e f_k é o valor da frequência da k-ésima linha.

3.1.2.2 Melhoria da granulometria grosseira

Tendo em conta o problema de mutação no "ponto de rutura", o processo de granulação grosseira é melhorado para construir uma caraterística multi-escala melhorada no domínio tempo-frequência, melhorando e reforçando assim o desempenho da caraterística multi-escala tradicional. Após o processo de granulação grosseira, τ é possível obter dados de grupo. O processo específico de granulação grosseira é apresentado na Figura 3.1 quando $\tau = 3$.

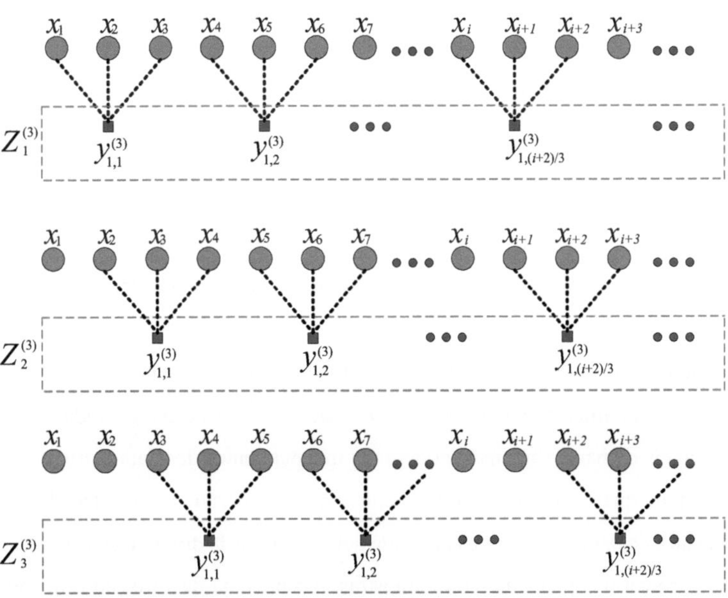

Fig.3.1 O diagrama do método da caraterística tempo-frequência, quando a escala é igual a 3

A diferença em relação à extração de caraterísticas multi-escala tradicional é que o algoritmo anterior só tem um conjunto de sinais de séries temporais, enquanto que após a melhoria, as séries temporais de grupo podem ser obtidas após o processamento de granulação grosseira à escala. τ séries temporais de grupo podem ser obtidas após um processamento de granulação grosseira à escala τ.

(1) O sinal é processado através da melhoria do processo de granulação grosseira para obter uma nova série temporal τ:

$$\begin{cases} Z_i^{(\tau)} = \{y_{i,1}^{(\tau)}, y_{i,2}^{(\tau)}, \cdots\} \\ y_{i,j}^{(\tau)} = \dfrac{\sum_{f=0}^{\tau-1} x_{f+i+\tau(j-1)}}{\tau}, i = 1,2,\cdots,\tau \end{cases} \tag{3.16}$$

(2) Para cada nova série cronológica de granulometria grosseira $Z_i^{(\tau)}|(i = 1,2,\cdots,\tau)$ obtém-se os seus valores próprios no domínio tempo-frequência e, em seguida, calcula-se o valor médio dos valores próprios da série temporal τ da série temporal é calculado, e os valores próprios à escala temporal τ podem ser obtidos.

3.1.3 Análise principal

Para remover caraterísticas redundantes e reduzir a dimensão, é utilizada a análise de componentes principais para extrair as principais caraterísticas efectivas. A ideia central da PCA é transformar os indicadores variáveis de elevada dimensão dos dados originais das caraterísticas da avaria em indicadores variáveis de baixa dimensão para melhor descrever as caraterísticas da avaria[54]. O método PCA baseado na combinação linear é conseguido através da combinação de indicadores variáveis. Os indicadores variáveis de baixa dimensão podem ser independentes dos dados originais e não têm qualquer ligação direta entre si. A projeção de coordenadas da amostra de dados no vetor é calculada pelo tamanho da diferença na alteração da variável independente entre amostras. A tendência de variação reflectida por outros vectores enfraquece gradualmente. Estes vectores são designados por componentes principais.

As etapas de extração de caraterísticas PCA são as seguintes:

Passo 1: Dada a matriz do sinal de entrada $X = \{x_{ij}: x_{ij} \in R^{n\times m}\}$em que cada linha da matriz $x_i \in R^{1\times m}, i = 1,\cdots,n$ representa um indicador, e cada coluna da matriz $x_j \in R^{n\times 1}, j = 1,\cdots,m$ representa uma amostra. A média da amostra x_j é:

$$\bar{x}_j = \frac{1}{m}\sum_{j=1}^{m} x_j \tag{3.17}$$

Passo 2: C_0 representa a matriz de covariância. Tomar os valores próprios da matriz de covariância C_0 e denote-a como $\lambda_i, i = 1,\cdots,n$e o seu vetor próprio como $d_i, i = 1,\cdots,n$.

Passo 3: Ordenar os valores próprios $\lambda_1 \geq \lambda_2 \geq \cdots \geq \lambda_n$ do maior para o menor, e os vectores próprios correspondentes aos valores próprios $\lambda_1 \geq \lambda_2 \geq \cdots \geq \lambda_n$ são registados como $d_i, i = 1,\cdots,n$. A taxa de contribuição cumulativa ς dos primeiros r componentes principais é calculada como:

$$\varsigma = \sum_{i=1}^{r}\lambda_i / \sum_{i=1}^{n}\lambda_i \tag{3.18}$$

Passo 4: Supondo que $\varsigma \geq 0.80$construa uma matriz composta pelos vectores próprios correspondentes, $E \in R^{n\times r}, E = (d_1, d_2,\cdots,d_r)$. A nova matriz de amostra X' pode utilizar Eque pode mapear a matriz do sinal original para o novo espaço.

$$X' = E^T X \tag{3.19}$$

Em, $X' \in R^{r\times m}$.

3.1.4 Rede neural bidirecional de memória de longo e curto prazo e otimização de parâmetros

No modelo BiLSTM, pode ser selecionado um conjunto de hiperparâmetros óptimos para o modelo de diagnóstico de defeitos de curto-circuito entre curvas através da otimização dos hiperparâmetros, melhorando assim a precisão e o desempenho do diagnóstico do modelo. O tamanho dos hiperparâmetros do modelo BiLSTM[55] tem um certo impacto no modelo de diagnóstico. Embora os hiperparâmetros do BiLSTM possam ser obtidos através de treino manual, têm de ser ajustados várias vezes com base na experiência, de acordo com necessidades específicas. O processo de treino demora muito tempo, resultando numa redução da eficiência do trabalho, e esta combinação pode não ser a ideal, o que afecta a precisão e o efeito global do modelo. O algoritmo da baleia é um algoritmo de otimização global baseado em leis naturais e possui fortes capacidades de pesquisa global. Ao contrário de outros algoritmos de otimização comuns, reduz a necessidade de intervenção e ajuste manual, facilitando a operação. Por conseguinte, o algoritmo da baleia é utilizado para otimizar os dois parâmetros do número de nós da camada oculta e a taxa de aprendizagem do modelo BiLSTM para atingir o objetivo de melhorar a precisão da previsão e a capacidade de generalização do modelo.

3.1.4.1 Rede Neural Bidirecional de Memória de Curto Prazo Longa

Os neurónios do modelo LSTM têm um estado de célula (Cell) e três mecanismos de porta. A Figura 3.2 mostra a estrutura do modelo LSTM. O LSTM tem três portas, nomeadamente a porta de esquecimento, a porta de atualização e a porta de saída. Estas três portas podem ser utilizadas para proteger e controlar o estado da célula e são componentes importantes do LSTM.

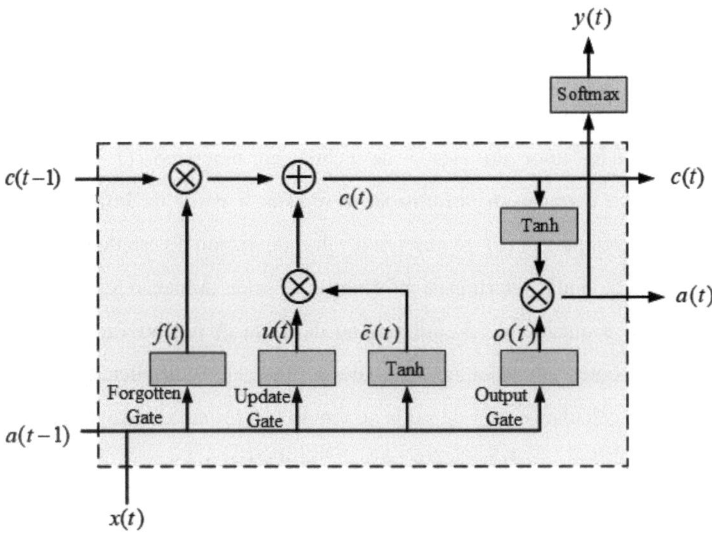

Fig.3.2 Estrutura do LSTM

Porta do esquecimento: Utilizando a função de ativação Sigmoid, a porta do esquecimento pode decidir se a informação deve ser retida ou descartada, como mostra a fórmula (3.20).

$$f(t) = \sigma\left(W_f[a(t-1), x(t)] + b_f\right) \qquad (3.20)$$

Na fórmula, $f(t)$ representa o valor de saída para cada estado da célula $c(t-1)$; $a(t-1)$ representa a saída no $(t-1)$ momento; $x(t)$ representa a entrada desta camada no momento t; σ é uma função Sigmoide; $\sigma(x) = (1+e^{-x})^{-1}$; b_f é um deslocamento; W_f é o peso de cada variável.

Porta de atualização: A informação pode ser actualizada e armazenada. Utilize a função Sigmoid para calcular $u(t)$ e determinar a informação de atualização. Em seguida, através da função Tanh, é gerado um novo vetor de valores candidatos $\tilde{c}(t)$ é gerado e adicionado ao estado da célula. Multiplicar a porta de amnésia $f(t)$ com o estado celular antigo e esquece algumas das informações antigas. Em seguida, adicione $u(t) * \tilde{c}(t)$ para atualizar o estado atual da célula. A fórmula é a seguinte:

$$u(t) = \sigma(W_u[a(t-1), x(t)] + b_u) \qquad (3.21)$$

$$\tilde{c}(t) = tanh(W_c[a(t-1), x(t)] + b_c) \tag{3.22}$$

$$c(t) = u(t) \odot \tilde{c}(t) + f(t) \odot c(t-1) \tag{3.23}$$

Na fórmula, $u(t) \in [0,1]$; Tanh pode obter valores entre $[-1,1]$; $c(t-1)$ é o valor do estado da célula no momento $(t-1)$; $\tilde{c}(t)$ representa a extração da informação a registar a partir da informação de entrada no tempo t; $c(t)$ representa o valor atualizado do estado da célula.

Porta de saída: determina a informação de saída. A função Sigmoid pode determinar a quantidade de informação de saída. A função Tanh processa $c(t)$ para obter um valor no intervalo de $[-1,1]$. Multiplicando $o(t)$ e $c(t)$ pode calcular o valor de saída no tempo t. A fórmula é a seguinte:

$$o(t) = \sigma(W_o[a(t-1), x(t)] + b_o) \tag{3.24}$$

$$a(t) = o(t) \odot tanh(c(t)) \tag{3.25}$$

A rede BiLSTM tem uma estrutura de laço bidirecional, que pode captar não só dados passados, mas também dados futuros, o que lhe permite explorar mais eficazmente as caraterísticas temporais dos dados. Em comparação com a rede LSTM unidirecional, a rede BiLSTM tem capacidades de propagação direta e inversa mais fortes, o que lhe permite captar melhor as alterações temporais dos dados. A estrutura da rede BiLSTM é apresentada na Figura 3.3.

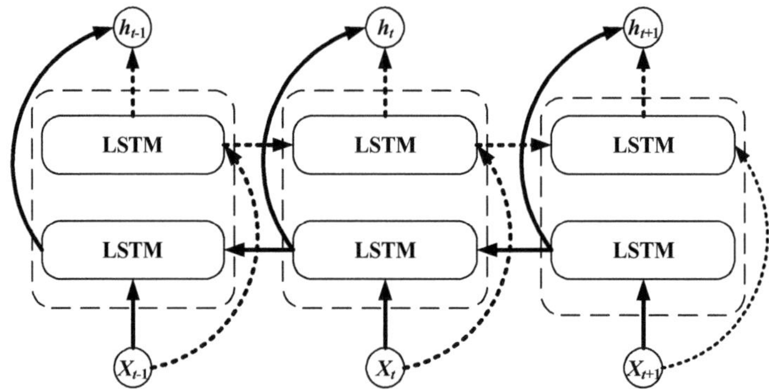

Fig.3.3 A estrutura de rede do BiLSTM

A propagação para a frente consiste em duas etapas. O primeiro passo é mover-se da esquerda para a direita, começando no passo de tempo inicial e continuando a calcular até que o passo de tempo final pare; o segundo passo é mover-se da direita para a esquerda, começando no último passo de tempo e esperando até que o passo de tempo final termine.

No passo de tempo $t$as camadas anterior e posterior do BiLSTM utilizam a mesma entrada $X_t$que podem gerar resultados em conjunto. No entanto, os parâmetros da matriz de pesos e do vetor de polarização das duas camadas da rede LSTM são diferentes. O método de cálculo destes parâmetros pode ser expresso pela seguinte fórmula:

$$h_t^1 = f(W^1 \cdot X_t + U^1 \cdot h_{t-1}) \tag{3.26}$$

$$h_t^2 = f(W^2 \cdot X_t + U^2 \cdot h_{t+1}) \tag{3.27}$$

$$Y_t = softmax(V^1 h_t^1 + V^2 h_t^2) \tag{3.28}$$

Na fórmula acima, f representa a função de ativação da camada oculta; W^1 e W^2 são os parâmetros da matriz de pesos da camada de entrada para a camada oculta; U^1 e U^2 são os parâmetros da matriz de pesos da camada oculta para a camada oculta; V^1 e V^2 são parâmetros de peso da camada oculta para a camada de saída. De acordo com a Y_t teoria, a saída da função de erro pode ser utilizada para ajustar a matriz de pesos e os parâmetros do vetor de polarização do BiLSTM através da retropropagação.

3.1.4.2 Otimização dos parâmetros da rede neural bidirecional de memória de curto prazo longa

Os hiperparâmetros do modelo BiLSTM afectam, em certa medida, a precisão do modelo. A otimização dos hiperparâmetros do modelo BiLSTM permite melhorar eficazmente a precisão e o desempenho do modelo de diagnóstico de defeitos de curto-circuito entre curvas. A seleção dos hiperparâmetros do modelo de previsão BiLSTM exige normalmente uma formação manual para responder a necessidades específicas, o que exige muito tempo. Além disso, a combinação de hiperparâmetros obtida apenas pela experiência não consegue muitas vezes corresponder às expectativas, afectando assim a precisão e o efeito global do modelo. Por conseguinte, é necessário estudar modelos de previsão mais eficientes e precisos para melhorar a eficiência e a precisão da previsão. O algoritmo da baleia é um algoritmo de otimização global baseado em leis naturais, pelo que tem fortes capacidades de pesquisa global e pode encontrar a solução óptima global em problemas multidimensionais. O algoritmo da baleia é diferente de outros algoritmos de otimização comuns. Reduz a necessidade de intervenção e ajuste manual, facilitando a operação. O algoritmo da baleia pode efetivamente explorar e encontrar a solução óptima em problemas de otimização em grande escala. Por conseguinte, o algoritmo da baleia é selecionado para otimizar os dois parâmetros do número de nós da camada oculta e a taxa de aprendizagem do modelo BiLSTM para atingir o objetivo de melhorar a precisão da previsão e a capacidade de generalização do modelo.

As baleias jubarte são uma espécie de baleia grande e antiga que se alimenta de krill e de pequenos cardumes de peixes, caçando frequentemente em grupos. Para caçar, seguem um trajeto circular ou em forma de "9" e cospem bolhas únicas. Este comportamento único é designado por forrageamento em rede de bolhas. Estudos revelaram que as baleias têm duas vezes mais células fusiformes do que os adultos. A existência desta célula permite-lhes pensar, aprender, julgar e comunicar como os humanos, e até produzir comportamentos emocionais, o que é semelhante a certas áreas do cérebro humano.

O modelo matemático do algoritmo da baleia baseia-se na simulação de três comportamentos: cercar, predar e procurar a presa. Tem as vantagens de poucos ajustes de parâmetros, de um funcionamento simples e da capacidade de escapar a soluções óptimas locais[56].

A primeira fase:

$$D = |C \cdot X^*(t) - X(t)| \tag{3.29}$$

$$X(t+1) = X^*(t) - A \cdot D \tag{3.30}$$

Na fórmula, D representa o vetor de distância entre a solução óptima atualmente obtida e o resultado da pesquisa; t representa o número de iterações actuais; X^* representa o vetor de posição da solução óptima atual; X representa o vetor de posição dos resultados da pesquisa.

Segunda fase:

$$X(t+1) = D' \cdot e^{bl} \cdot cos(2\Pi l) + X^*(t) \tag{3.31}$$

Na fórmula: $|D' = |X^*(t) - X(t)|$ representa o vetor de distância entre o indivíduo que procura e a presa alvo; b representa o coeficiente constante que define a forma da espiral logarítmica; l representa um número aleatório dentro do intervalo $[-1,1]$ intervalo.

A terceira fase:

$$D = |C \cdot X_{rand} - X(t)| \tag{3.32}$$

$$X(t+1) = X_{rand} - A \cdot D \tag{3.33}$$

Na fórmula, X_{rand} representa a posição de um corpo de pesquisa aleatório na população atual.

O fluxograma de hiperparâmetros para otimizar o modelo BiLSTM utilizando o algoritmo Whale é apresentado na Figura 3.4.

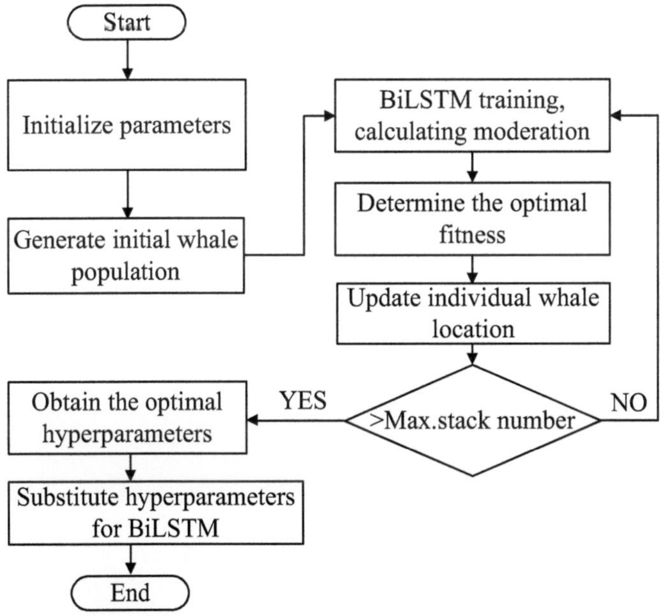

Fig.3.4 Diagrama de fluxo do hiperparâmetro do modelo de diagnóstico BiLSTM de otimização WOA

3.2 Fluxo de diagnóstico de avarias de curto-circuito entre curvas baseado em IVMD-MPFE-IBiLSTM

Este capítulo propõe um método de diagnóstico de avarias por curto-circuito "turn-to-turn" baseado no IVMD-MPFE-IBiLSTM para diagnosticar o curto-circuito "turn-to-turn" de diferentes graus em motores síncronos de ímanes permanentes. Em primeiro lugar, a corrente do estator do motor síncrono de ímanes permanentes é recolhida, e o sinal é decomposto utilizando VMD optimizado pelo algoritmo do lobo cinzento para obter a curtose de cada componente modal, e os componentes modais com curtose superior a 3 são selecionados para reconstrução; depois, o sinal reconstruído é melhorado por granulação grosseira para obter caraterísticas multi-escala , e o PCA é utilizado para obter os dados de dimensão reduzida com base na taxa de contribuição cumulativa superior a 85%, que é utilizada como dados de amostra para a classificação de avarias; finalmente, o BiLSTM optimizado pelo algoritmo da baleia é utilizado para o diagnóstico de avarias para reduzir os erros de diagnóstico. Em aplicações reais de engenharia, é proposto um novo método de diagnóstico de falhas para tornar o diagnóstico de falhas mais inteligente. O processo de diagnóstico deste método é apresentado na Figura 3.5.

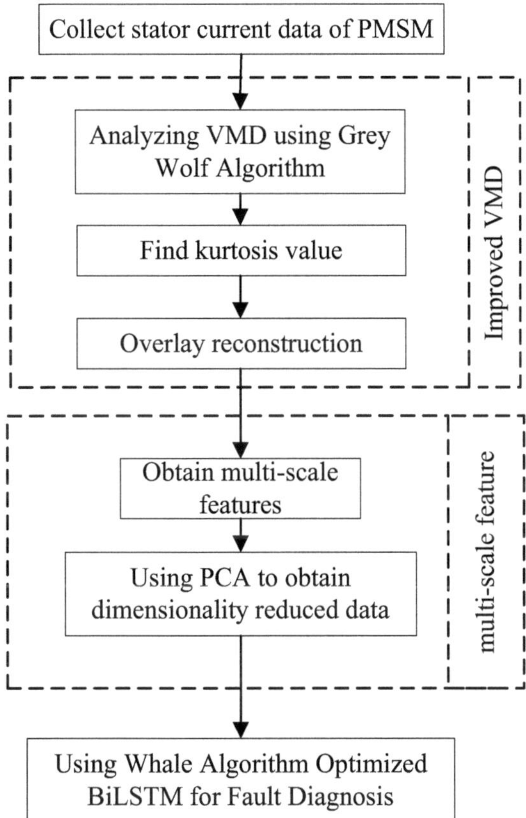

Fig.3.5 Processo de diagnóstico

Os passos específicos do método de diagnóstico de avarias de curto-circuito entre curvas baseado no IVMD-MPFE IBiLSTM são os seguintes

(1) Recolha da corrente do estator do motor síncrono de ímanes permanentes,

(2) O sinal é decomposto utilizando o VMD optimizado pelo algoritmo Grey Wolf, a curtose de cada componente modal é calculada e os componentes modais com curtose superior a 3 são selecionados como componentes eficazes para a reconstrução da sobreposição.

(3) O sinal reconstruído é sujeito a um processamento melhorado de granulação grosseira, e são obtidas as caraterísticas do domínio tempo-frequência em diferentes escalas de 1-10. Em cada escala, 19 caraterísticas

do domínio tempo-frequência são obtidas e normalizadas. As caraterísticas são o valor máximo, o valor mínimo, o valor médio, o valor pico a pico, o valor médio do valor absoluto, a assimetria, a variância, o desvio padrão, a curtose, a raiz do quadrado médio, o fator de forma de onda, o fator de margem, o fator de impulso, o fator de pico, a frequência do centróide, a frequência do quadrado médio, a variância da frequência, a raiz do quadrado médio da frequência e o desvio padrão da frequência.

(4) Utilização de PCA para obter dados com dimensionalidade reduzida com base numa taxa de contribuição cumulativa superior a 85%, que servem de dados de amostra para a classificação de falhas.

(5) O diagnóstico de falhas é efectuado utilizando o BiLSTM optimizado com o algoritmo da baleia.

3.3 Verificação e análise das experiências de simulação

3.3.1 Aquisição de dados

O funcionamento normal do motor síncrono de ímanes permanentes e a falha de curto-circuito entre espiras do enrolamento do estator da fase a são simulados pelo Simulink no MATLAB, e os dados da corrente do estator da fase a são recolhidos como um conjunto de dados. O conjunto de dados é dividido em sem defeito, grau de curto-circuito de uma volta do estator (curto-circuito O rácio de voltas é de 0,05, 0,1, 0,15 e 0,2, e são rotulados como 1, 2, 3, 4 e 5. São recolhidos 300 conjuntos de dados para cada tipo, e cada conjunto tem 2000 dados.

3.3.2 Denoising do sinal

Utilizar a GWO para otimizar o conjunto de parâmetros VMD $[K, \alpha]$tomando o produto máximo da correlação de Pearson e da curtose como função objetivo, como se mostra na secção 3.1.1.2. Definir o tamanho da população inicial da GWO para 20 e o número máximo de iterações para 20. Os intervalos de seleção dos níveis de decomposição e dos factores de penalização são [2,12], [1000,3000] respetivamente. Os resultados da otimização mostram que o número de decomposições $K = 6$ e o fator de penalização$\alpha = 1564$. O sinal após a decomposição VMD é apresentado na Figura 3.6.

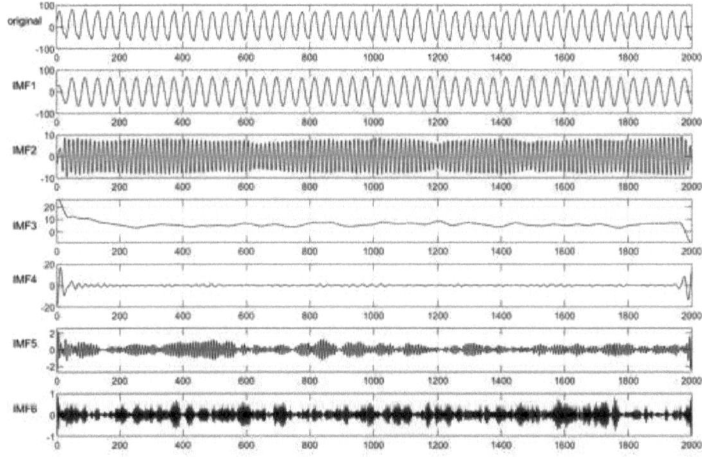

Fig.3.6 Sinal decomposto por VMD

Após a decomposição VMD, obtém-se a curtose de cada componente modal. A Tabela 3.2 mostra o valor da curtose de cada componente modal quando duas amostras de cada um dos cinco tipos são recolhidas e decompostas em 6 componentes modais através de VMD.

Tabela 3.2 Valores de curtose de cinco tipos decompostos por VMD

tipo	Número da amostra	Valor da curtose após decomposição VMD					
1	S_1	6.24	1.52	25.71	1.53	23.65	8.96
	S_2	3.18	3.38	1.52	12.87	1.51	23.94
2	S_3	2.89	1.52	22.57	1.54	24.08	13.42
	S_4	2.98	1.53	20.10	1.54	20.91	16.10
3	S_5	3.03	3.39	1.53	11.95	1.52	31.91

	S_6	3.44	2.98	1.53	11.97	1.52	38.54
4	S_7	3.57	1.53	19.02	1.55	15.55	21.01
	S_8	3.18	1.53	17.95	1.55	16.87	19.15
5	S_9	5.20	1.52	52.68	9.03	1.54	21.00
	S_{10}	6.42	1.53	48.69	9.23	1.54	20.98

Os componentes modais com valores de curtose superiores a 3 são sobrepostos e reconstruídos, e são extraídas 19 caraterísticas do domínio tempo-frequência do sinal reconstruído, nomeadamente, valor máximo, valor mínimo, valor médio, valor pico a pico, valor médio do valor absoluto, assimetria, variância, desvio padrão, curtose, raiz do quadrado médio, fator de forma de onda, fator de margem, fator de impulso, fator de pico, frequência do centróide, frequência do quadrado médio, variância da frequência, raiz do quadrado médio da frequência e desvio padrão da frequência . Em seguida, a função Mapminmax é utilizada para normalização. A Tabela 3.3 mostra as caraterísticas do domínio tempo-frequência obtidas a partir da amostra S_1 para S_{10} o sinal reconstruído. As caraterísticas são o valor máximo, o valor mínimo, o valor médio, o valor pico a pico, o valor médio do valor absoluto, a assimetria, a variância, o desvio padrão, a curtose, a raiz quadrada média, o fator de forma de onda, o fator de margem, o fator de impulso, o fator de pico, a frequência do centróide, a frequência quadrada média, a variância da frequência, a raiz quadrada média da frequência e o desvio padrão da frequência. Os valores são normalizados com duas casas decimais após a utilização da função Mapminmax.

Tabela 3.3 O valor normalizado pelas caraterísticas do domínio tempo-frequência

	S_1	S_2	S_3	S_4	S_5	S_6	S_7	S_8	S_9	S_{10}
F_1	0.68	0.16	0.52	0.49	0.32	0.45	0.47	0.49	0.24	0.46
F_2	0.16	0.85	0.13	0.19	0.91	0.82	0.28	0.21	0.78	0.70
F_3	0.36	0.48	0.61	0.18	0.42	0.47	0.44	0.44	0.66	0.48
F_4	0.82	0.11	0.79	0.73	0.12	0.25	0.66	0.71	0.16	0.41

F_5	0.34	0.42	0.59	0.33	0.30	0.33	0.54	0.56	0.22	0.30
F_6	0.41	0.34	0.37	0.41	0.62	0.75	0.52	0.47	0.40	0.26
F_7	0.49	0.07	0.61	0.73	0.16	0.16	0.75	0.78	0.21	0.28
F_8	0.53	0.08	0.64	0.76	0.19	0.18	0.78	0.81	0.21	0.28
F_9	0.67	0.29	0.63	0.41	0.34	0.55	0.28	0.34	0.44	0.34
F_{10}	0.51	0.17	0.62	0.58	0.20	0.21	0.70	0.73	0.24	0.28
F_{11}	0.59	0.20	0.44	0.73	0.28	0.24	0.70	0.73	0.28	0.46
F_{12}	0.82	0.21	0.67	0.64	0.35	0.53	0.46	0.50	0.21	0.44
F_{13}	0.78	0.20	0.64	0.83	0.27	0.33	0.60	0.64	0.26	0.51
F_{14}	0.82	0.19	0.58	0.78	0.30	0.36	0.59	0.60	0.19	0.40
F_{15}	0.54	0.51	0.40	0.66	0.56	0.37	0.74	0.81	0.41	0.56
F_{16}	0.22	0.70	0.11	0.14	0.53	0.45	0.38	0.62	0.59	0.54
F_{17}	0.17	0.72	0.08	0.07	0.47	0.41	0.31	0.55	0.75	0.56
F_{18}	0.27	0.75	0.14	0.18	0.59	0.51	0.44	0.68	0.59	0.54
F_{19}	0.23	0.78	0.12	0.10	0.56	0.50	0.40	0.64	0.75	0.57

3.3.3 Análise dos resultados do diagnóstico de avarias

(1) Experiências de diagnóstico antes e depois da melhoria do VMD

VMD com parâmetros definidos empiricamente, e a curtose de cada componente modal é calculada. Os componentes modais com curtose superior a 3 são selecionados como componentes eficazes para a reconstrução da sobreposição. São extraídas 19 caraterísticas do domínio tempo-frequência do sinal reconstruído, nomeadamente o valor máximo, o valor mínimo, o valor médio, o valor pico a pico, o valor médio do valor absoluto, a assimetria, a variância, o desvio-padrão, a curtose, a raiz quadrada média, o fator de forma de onda, o fator de margem, o fator de impulso, o fator de pico, a frequência do centróide, a frequência quadrada média, a variância da frequência, a raiz quadrada média da frequência e o desvio-padrão da frequência. A fórmula de cálculo é apresentada no Quadro 3.1. Os 300 grupos de dados de amostra de cada $5:1$ cada tipo é dividido em conjunto de treino e conjunto de teste. O diagrama de treino do diagnóstico

BiLSTM é apresentado em 3.7 (a) e a matriz de confusão é apresentada em 3.8 (a). Para compreender a distribuição global do conjunto de dados de teste do modelo de classificação de avarias, utiliza-se T-SNE para reduzir a dimensão do conjunto de dados, e a visualização bidimensional dos dados de dimensão reduzida é apresentada na Figura 3.9 (a). O T-SNE é um algoritmo de redução da dimensionalidade que pode ser utilizado para tarefas de visualização e agrupamento de dados. Pode mapear vectores de alta dimensão num espaço de baixa dimensão.

VMD optimizado pelo algoritmo Grey Wolf e a curtose de cada componente modal é calculada. Os componentes modais com curtose superior a 3 são selecionados como componentes eficazes para a reconstrução da sobreposição. São extraídas 19 caraterísticas do domínio tempo-frequência do sinal reconstruído, e as caraterísticas são o valor máximo, o valor mínimo, o valor médio, o valor pico a pico, o valor médio do valor absoluto, a assimetria, a variância, o desvio-padrão, a curtose, a raiz quadrada média, o fator de forma de onda, o fator de margem, o fator de impulso, o fator de pico, a frequência do centróide, a frequência quadrada média, a variância da frequência, a raiz quadrada média da frequência e o desvio-padrão da frequência. Os 300 grupos de dados de amostra de cada 5: 1 cada tipo é dividido em conjunto de treino e conjunto de teste. O diagrama de treino do diagnóstico utilizando BiLSTM é apresentado em 3.7 (b) e a matriz de confusão é apresentada em 3.8 (b). Para compreender a distribuição global do conjunto de dados de teste do modelo de classificação de avarias, utiliza-se T-SNE para reduzir a dimensão do conjunto de dados, e a visualização bidimensional dos dados de dimensão reduzida é apresentada em 3.9 (b).

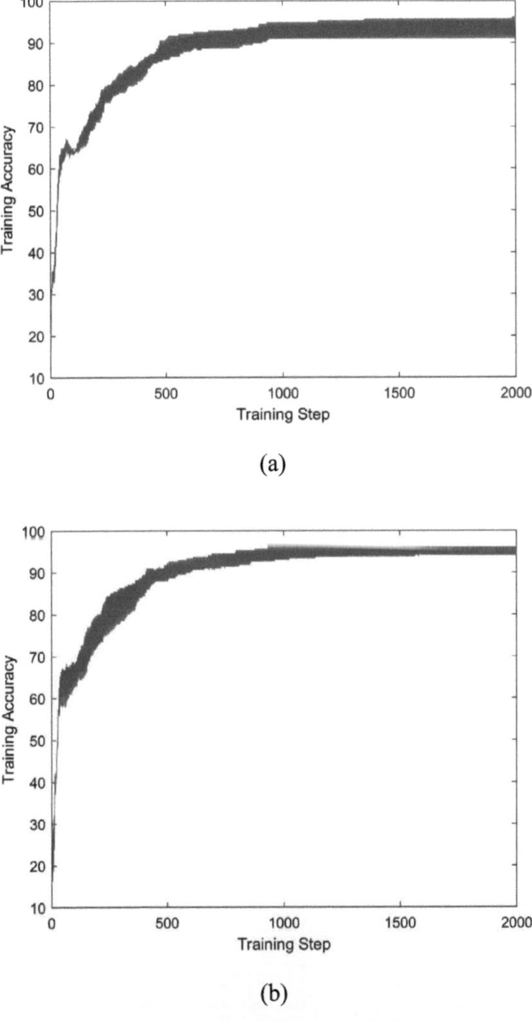

(a)

(b)

Fig.3.7 Diagrama de formação

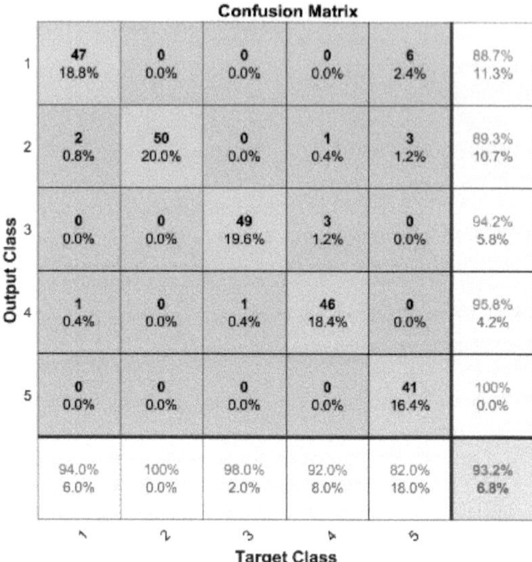

(a)

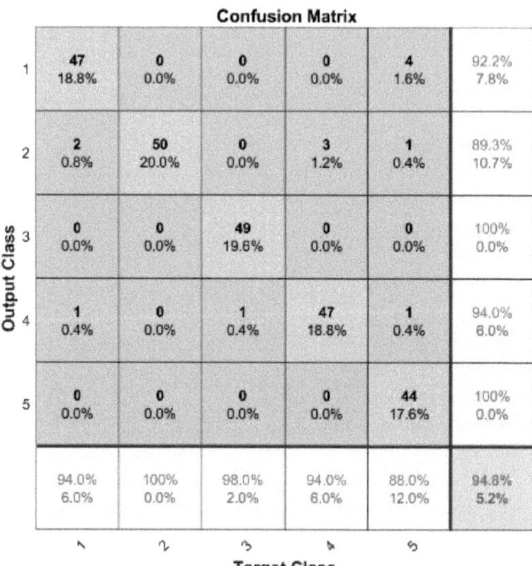

(b)

Fig.3.8 Matriz de confusão

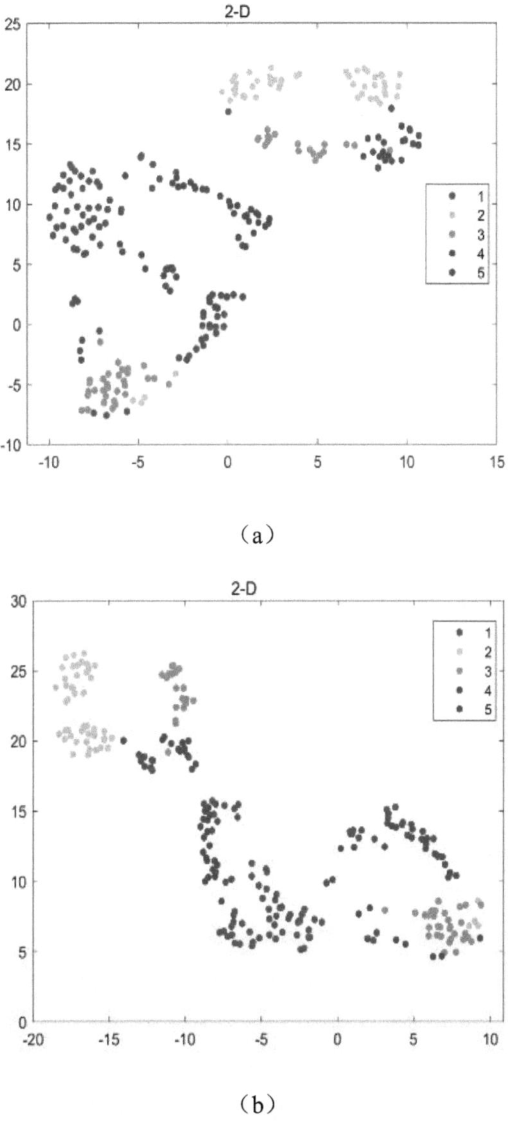

(b)

Fig.3.9 Diagrama de dispersão 2D

Na Figura 3.7, durante todo o processo de iteração do treino, a precisão do modelo VMD não melhorado tende a estabilizar-se após 1200 iterações e a precisão do modelo VMD melhorado tende a estabilizar-se após 1000 iterações . Como se pode ver na Figura 3.8, para a categoria 2, o modelo pode ser corretamente diagnosticado. Para a categoria 1, tanto o VMD não melhorado como o VMD melhorado têm 3 erros de diagnóstico. Para a categoria 3, tanto o VMD não melhorado como o VMD melhorado têm 1 erro de diagnóstico. Para a categoria 4, o VMD não melhorado tem 4 erros de diagnóstico e o VMD melhorado tem 3 erros de diagnóstico. Para a categoria 5, o VMD não melhorado tem 9 erros de diagnóstico, e o VMD melhorado tem 6 erros de diagnóstico. A precisão média é melhorada em 1,6%. Como se pode ver na Figura 3.9, a diferença entre a distância inter-classes e a distância intra-classes do modelo de diagnóstico que utiliza o VMD não melhorado e o VMD melhorado não é grande, e o efeito não é bom.

(2) Experiências de diagnóstico utilizando caraterísticas multi-escala melhoradas

As caraterísticas do domínio tempo-frequência extraídas pelos métodos tradicionais não podem refletir eficazmente as caraterísticas do sinal, o que afecta a precisão do diagnóstico. Além disso, considerando a não-estacionariedade do sinal, as caraterísticas de uma única escala podem sobrepor-se no espaço de caraterísticas e não podem refletir as caraterísticas do sinal. Em resumo, é proposto um índice de caraterísticas multi-escala para refletir as caraterísticas do sinal no espaço multi-escala. O sinal reconstruído é sujeito a um processamento melhorado de granulação grosseira a diferentes escalas. O principal processo de melhoramento é o mostrado em 3.1.2, para resolver o problema de mutação no "ponto de rutura" e obter a sua distribuição em diferentes escalas de 1-10. Para cada grupo de novas séries temporais de granulação grosseira, obtém-se o seu valor de caraterística no domínio tempo-frequência e, em seguida, calcula-se o valor médio do valor de caraterística de τ cada série cronológica é calculado para obter τ 19 valores das caraterísticas no domínio tempo-frequência na escala temporal. As caraterísticas são o valor máximo, o valor mínimo, o valor médio, o valor pico a pico, o valor médio do valor absoluto, a variância, o desvio padrão, a curtose, a assimetria, a raiz do quadrado médio, o fator de forma de onda, o fator de pico, o fator de impulso, o fator de margem, a frequência do centróide, a frequência do quadrado médio, a raiz do quadrado médio, a variância da frequência e o desvio padrão da frequência. Existem 19 caraterísticas para cada escala, e existem 190 caraterísticas para 10 escalas. Em seguida, a PCA é utilizada para obter os dados de dimensão reduzida com base na taxa de contribuição cumulativa superior a 85%, que é utilizada como dados de amostra para a classificação de falhas e diagnosticada utilizando BiLSTM. A decomposição VMD melhorada é utilizada no sinal original para calcular a curtose de cada componente modal, e os componentes modais com curtose superior a 3 são selecionados como componentes eficazes para a reconstrução da sobreposição. Após a extração de caraterísticas multi-escala melhorada ser realizada para obter 190 caraterísticas, a PCA é utilizada com base na taxa de contribuição cumulativa superior a 85%, e podem ser obtidos 16 dados de caraterísticas após a redução da dimensionalidade. A amostra S_{10}característica S_1Os dados de amostra retêm duas casas decimais, como mostra a Tabela 3.4.

Tabela 3.4 Dados após a redução de dimensão PCA

	S_1	S_2	S_3	S_4	S_5	S_6	S_7	S_8	S_9	S_{10}
IF_1	7.48	5.70	6.24	5.55	9.67	7.99	0.87	9.38	4.03	9.53
IF_2	0.30	0.73	1.60	-0.67	0.95	1.03	0.45	1.26	1.99	1.51
IF_3	2.25	3.01	1.57	2.54	3.33	3.93	4.36	3.71	4.14	4.04
IF_4	-1.72	-2.02	-1.85	-1.95	-0.49	-0.80	-1.03	-0.40	-1.52	-0.45
IF_5	0.84	0.10	0.58	0.30	0.38	0.35	0.51	0.60	-0.26	0.97
IF_6	1.08	0.42	1.30	1.13	0.85	0.84	0.78	0.87	0.17	0.68
IF_7	0.93	1.11	1.16	1.32	1.06	1.31	0.62	0.70	0.56	0.70
IF_8	-0.28	0.05	-0.72	-0.77	-0.14	-0.48	-0.35	-0.63	-0.26	-0.31
IF_9	1.29	0.85	0.73	1.01	1.15	1.28	1.07	1.23	0.88	0.97

IF_{10}	0.21	0.33	0.39	0.19	0.15	0.34	0.35	0.28	0.30	0.37
IF_{11}	-0.95	-1.17	-1.10	-1.16	-1.23	-1.05	-1.02	-1.00	-0.94	-0.85
IF_{12}	-1.26	-1.27	-1.10	-1.14	-0.87	-1.17	-1.00	-1.12	-1.23	-0.97
IF_{13}	0.08	0.29	0.22	-0.02	0.14	0.05	0.20	0.25	0.04	0.06
IF_{14}	-0.04	0.02	-0.26	-0.20	-0.03	-0.19	-0.21	-0.09	-0.16	-0.15
IF_{15}	-0.66	-0.71	-0.69	-0.53	-0.62	-0.52	-0.52	-0.57	-0.52	-0.72
IF_{16}	0.34	0.36	0.31	0.35	0.40	0.32	0.38	0.40	0.36	0.34

Como se mostra na Figura 3.10, o sinal original é decomposto utilizando o VMD melhorado, a curtose de cada componente modal é calculada e os componentes modais com curtose superior a 3 são selecionados como componentes eficazes para a reconstrução da sobreposição. O sinal reconstruído é sujeito a uma extração de caraterísticas multi-escala melhorada e a PCA é utilizada com base na taxa de contribuição cumulativa superior a 85% para obter os dados de dimensão reduzida como dados de amostra para a classificação de falhas. O diagrama de iteração de treino e a matriz de confusão do diagnóstico são obtidos através do BiLSTM. Para compreender a distribuição global do conjunto de dados de teste do modelo de classificação de avarias, é utilizado o T-SNE para reduzir a dimensão do conjunto de dados e os dados de dimensão reduzida são visualizados em duas dimensões.

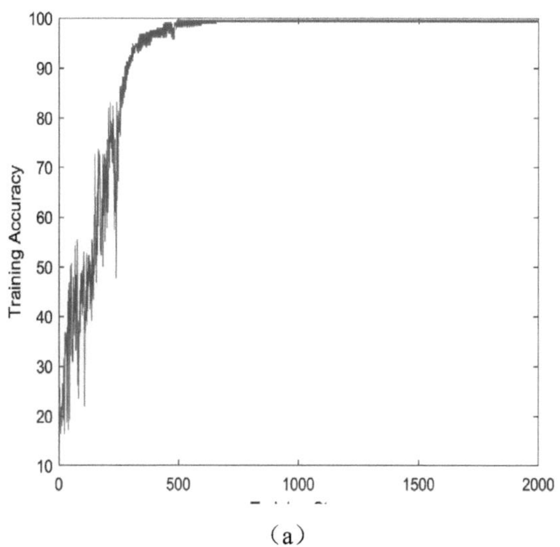

（a）

Confusion Matrix

Output Class \ Target Class	1	2	3	4	5	
1	48 19.2%	0 0.0%	0 0.0%	0 0.0%	2 0.8%	96.0% 4.0%
2	0 0.0%	50 20.0%	0 0.0%	3 1.2%	1 0.4%	92.6% 7.4%
3	2 0.8%	0 0.0%	50 20.0%	0 0.0%	1 0.4%	94.3% 5.7%
4	0 0.0%	0 0.0%	0 0.0%	47 18.8%	0 0.0%	100% 0.0%
5	0 0.0%	0 0.0%	0 0.0%	0 0.0%	46 18.4%	100% 0.0%
	96.0% 4.0%	100% 0.0%	100% 0.0%	94.0% 6.0%	92.0% 8.0%	96.4% 3.6%

（b）

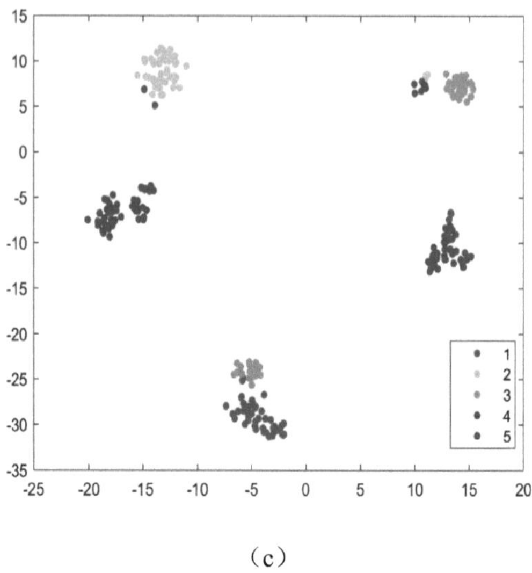

(c)

Fig.3.10 Gráfico de iteração de treino, matriz de confusão e gráfico de dispersão 2D

Comparando a Figura 3.10 com a Figura 3.7 (b) , a Figura 3.8 (b) e a Figura 3.9 (b), verifica-se que, em todo o processo de iteração de treino, a precisão do modelo de extração de caraterísticas do domínio tempo-frequência normal não melhorado tende a ser estável após 1000 iterações e a precisão do modelo de extração de caraterísticas do domínio tempo-frequência multi-escala melhorado tende a ser estável após 800 iterações. Para a categoria 2, o modelo pode ser utilizado para diagnosticar corretamente. Para a categoria 1, o modelo normal de extração de caraterísticas no domínio tempo-frequência tem 3 erros de diagnóstico e o modelo melhorado de extração de caraterísticas no domínio tempo-frequência multi-escala tem 2 erros de diagnóstico. Para a categoria 3, o modelo normal de extração de caraterísticas do domínio tempo-frequência tem 1 erro de diagnóstico e não há erro após a melhoria. Para a categoria 4, ambos os métodos têm 3 erros de diagnóstico. Para a categoria 5, o modelo normal de extração de caraterísticas no domínio tempo-frequência apresenta 6 erros de diagnóstico e 4 erros de diagnóstico após a melhoria. O modelo melhorado de extração de caraterísticas do domínio tempo-frequência em várias escalas tem uma distância inter-classes maior e uma distância intra-classes menor, com uma precisão de 96,4%, mas não atingiu o efeito ideal.

(3) Experiência de otimização dos parâmetros BiLSTM

Os nós e a taxa de aprendizagem no modelo de previsão BiLSTM são todos hiperparâmetros. Durante o processo de formação do modelo, o melhor conjunto de hiperparâmetros pode ser selecionado para o modelo de diagnóstico de avarias através da otimização dos hiperparâmetros, melhorando assim consideravelmente a precisão e o efeito do diagnóstico. Tirando partido da precisão e da velocidade de convergência do algoritmo da baleia, o número de nós da camada oculta e a taxa de aprendizagem da rede BiLSTM são optimizados para reduzir o erro de diagnóstico. A camada oculta da rede BiLSTM é de 1 camada, a camada totalmente ligada é de 1 camada e os intervalos de seleção do número de nós da camada oculta e dos parâmetros da taxa de aprendizagem são $[100,300]$ e $[0.001,1]$. O tamanho da população e o número de iterações do algoritmo da baleia são 1 0 e 5 0, respetivamente. Como mostrado na Figura 3.11, o sinal original é decomposto usando VMD melhorado, a curtose de cada componente modal é calculada, e o componente modal com curtose maior que 3 é selecionado como o componente efetivo para a reconstrução da superposição. O sinal reconstruído é sujeito a uma extração de caraterísticas multi-escala melhorada e a PCA é utilizada com base na taxa de contribuição cumulativa superior a 85% para obter 16 tipos de dados após a redução da dimensionalidade como dados de amostra para a classificação de falhas. O diagrama de iteração de treino e a matriz de confusão do diagnóstico são então utilizados utilizando o BiLSTM optimizado pelo algoritmo da baleia. Para compreender a distribuição global do conjunto de dados de teste do modelo de classificação de avarias, o conjunto de dados é reduzido em dimensão utilizando T-SNE e os dados reduzidos em dimensão são visualizados em duas dimensões. A Tabela 3.5 mostra a exatidão das várias classes obtidas com base nas matrizes de confusão das Figuras 3.7 a 3.11.

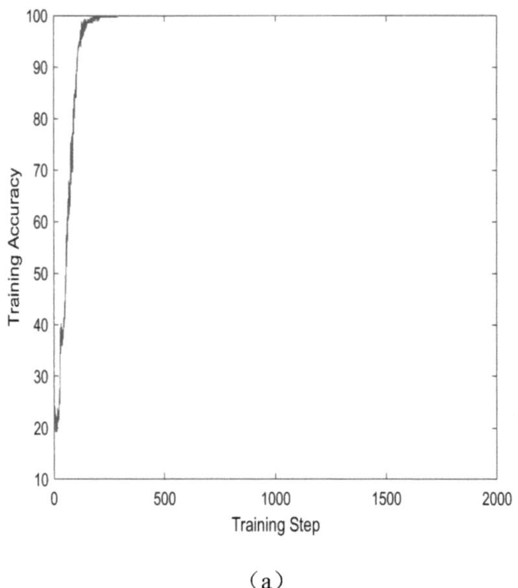
Training Accuracy
Training Step
100
90
80
70
60
50
40
30
20
10
0
500
1000
1500
2000

（a）

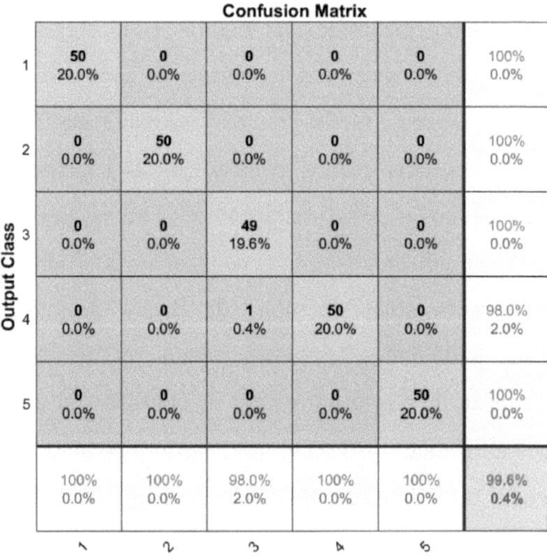
Confusion Matrix
Output Class
Target Class
1
2
3
4
5
50
20.0%
0
0.0%
49
19.6%
1
0.4%
100%
98.0%
2.0%
99.6%
0.4%

（b）

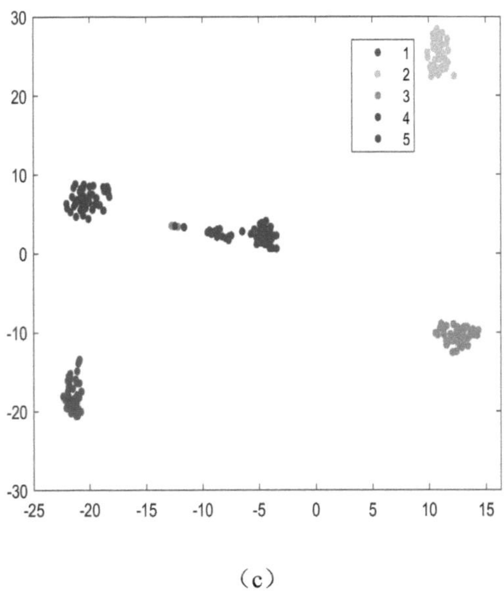

(c)

Fig.3.11 Gráfico de iteração de treino, matriz de confusão e gráfico de dispersão 2D

Tabela 3.5 Valores de exatidão para várias classes de quatro modelos

Modelo	Tipo 1	Tipo 2	Tipo 3	Tipo 4	Tipo 5	Exatidão global
VMD	94%	100%	98%	92%	82%	93.2%
IVMD	94%	100%	98%	94%	88%	94.8%
IVMD-MPFE	96%	100%	100%	94%	92%	96.4%
IVM D-MPFE-IBiLSTM	100%	100%	98%	1 00%	100%	99.6%

Da Figura 3.7 à Figura 3.11 e à Tabela 3.5, o modelo foi muito melhorado em todos os aspectos após a melhoria do VMD, a melhoria da extração de caraterísticas multi-escala e a melhoria do BiLSTM. Pode ser visto em todo o processo de iteração de treino que a precisão do modelo estabilizou após 300 iterações, e apenas ocorreu um erro de diagnóstico na categoria três. A distância entre as categorias aumentou e a distância dentro da categoria diminuiu. A exatidão é de 99,6%, o que representa uma elevada exatidão e robustez. O modelo de diagnóstico baseado no IVMD-MPFE-IBiLSTM pode classificar eficazmente os curto-circuitos entre voltas de motores síncronos de ímanes permanentes de diferentes graus.

3.4 Resumo

Para diagnosticar com precisão e eficiência a avaria de curto-circuito entre curvas do motor síncrono de ímanes permanentes, a GWO é utilizada para otimizar os parâmetros do VMD para resolver o problema de as caraterísticas da avaria de curto-circuito entre curvas serem fracas e a informação das caraterísticas ser difícil de extrair. Com base nos indicadores tradicionais do domínio tempo-frequência, as vantagens do espaço multi-escala são utilizadas para resolver eficazmente o problema da sobreposição do espaço de caraterísticas, e um indicador melhorado do domínio tempo-frequência multi-escala é construído como base para a classificação de defeitos. Para resolver o problema de configuração dos hiperparâmetros do modelo de aprendizagem profunda, as vantagens do WOA em termos de precisão e velocidade de convergência são totalmente utilizadas para otimizar o número de nós da camada oculta e a taxa de aprendizagem da rede BiLSTM para reduzir o erro de diagnóstico. As experiências confirmaram que o método de diagnóstico baseado em IVMD-MPFE-IBiLSTM alcançou resultados relativamente ideais no diagnóstico de falhas de curto-circuito entre curvas de motores síncronos de ímanes permanentes, proporcionando uma nova ideia para o diagnóstico de falhas de curto-circuito entre curvas de motores síncronos de ímanes permanentes no futuro.

Capítulo 4 Estudo sobre a previsão da vida útil do enrolamento de um motor síncrono de ímanes permanentes com base na CNN-ISVM

O diagnóstico de avarias é o reconhecimento de padrões de avarias que ocorreram no equipamento, e a previsão exacta da vida útil dos enrolamentos do motor através de dados históricos de funcionamento do equipamento pode garantir o funcionamento estável e fiável do equipamento motor. Assim, este capítulo propõe um método de previsão da vida útil dos enrolamentos de motores síncronos de ímanes permanentes baseado na CNN-ISVM. São introduzidos os princípios da CNN e da SVM, bem como o processo de previsão da vida útil do enrolamento do motor síncrono de ímanes permanentes com base na CNN-ISVM. Em primeiro lugar, os dados experimentais do ciclo de vida completo são divididos para extrair caraterísticas do domínio do tempo e da frequência e, em seguida, a CNN é utilizada para extrair informações mais profundas. Por fim, o SVM optimizado por PSO é utilizado para a previsão, realizando assim a previsão da vida útil dos enrolamentos de motores síncronos de ímanes permanentes. Ao comparar este modelo com outros modelos, conclui-se que o método de previsão da vida útil dos enrolamentos de motores síncronos de ímanes permanentes baseado na CNN-ISVM é melhor e mais consentâneo com a situação real.

4.1 Rede Neural Convolucional

Em 1943, foram propostas as redes neuronais artificiais, que pertencem ao domínio da aprendizagem automática[57]. As redes neuronais artificiais são constituídas por três partes: camada de entrada, camada oculta e camada de saída. Os neurónios artificiais são uma parte importante das redes neuronais artificiais. Todas as entradas de um neurónio são multiplicadas pelos pesos correspondentes e, em seguida, os números obtidos são somados, acrescidos da polarização. O número obtido é então utilizado como entrada da função de ativação, e o valor da função obtido é a saída do neurónio. Em termos simples, cada neurónio pode ser considerado como uma determinada função. Através da sobreposição linear dos pesos de entrada e da operação da função definida pelo sistema de neurónios, é possível obter o valor de saída de várias entradas que passam pelo neurónio. Inicialmente, os pesos de ligação entre os neurónios são incertos. Para encontrar os melhores pesos de ligação, é necessário amostrar e treinar os dados e, através de muitas experiências e testes, os pesos de ligação são continuamente ajustados para obter o melhor efeito. Localizar com precisão pesos razoáveis é um grande desafio no treino, mas o sucesso final depende de como ajustar esses pesos ao nível adequado para obter o melhor efeito. Nas aplicações práticas, a forma de encontrar rapidamente e com precisão um peso adequado continua a ser um desafio. Nas redes neuronais artificiais tradicionais, os neurónios da camada de entrada, da camada oculta e da camada de saída estão ligados. Só quando o número de camadas ocultas é particularmente grande é que as caraterísticas profundas dos dados podem ser melhor extraídas, o que exige que o desempenho do computador seja suficientemente bom, caso contrário não funcionará. A introdução de redes neurais convolucionais permite evitar eficazmente o fenómeno de sobreajuste provocado por muitos parâmetros de peso[58].

Em 1962, as redes neurais convolucionais foram propostas pela primeira vez e rapidamente se tornaram um modelo popular no domínio da aprendizagem profunda[59]. As redes neuronais convolucionais são compostas por três partes principais: camada convolucional, camada de pooling e camada totalmente ligada.[60]Têm poderosas capacidades de aprendizagem representacional e podem resolver tarefas complexas. Utilizando redes neuronais convolucionais, é possível extrair caraterísticas úteis dos dados de entrada, que são depois introduzidas na camada de agrupamento para reduzir a dimensionalidade da matriz de caraterísticas. A camada totalmente ligada é então utilizada para fundir e classificar estas caraterísticas.

A estrutura da rede CNN é apresentada na Figura 4.1.

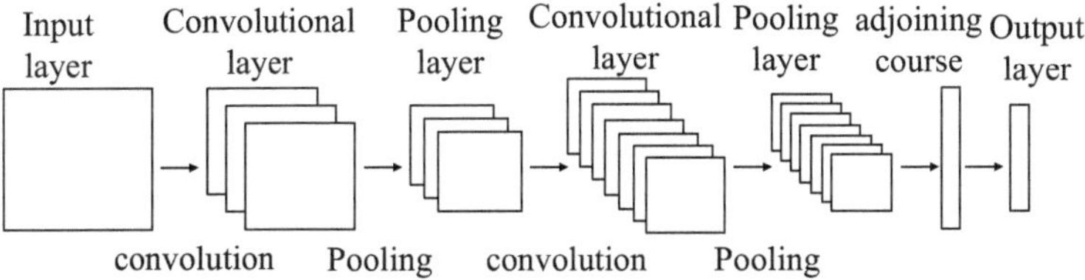

Fig.4.1 Modelo de rede neural convolucional

(1) Camada convolucional

A rede neural convolucional é uma operação matemática utilizada para extrair caraterísticas dos dados de entrada. Consegue uma extração eficaz dos dados de entrada através da interação de múltiplos núcleos de convolução[61]. A convolução é um processo de filtragem que pode efetivamente suprimir o ruído, melhorando assim a eficiência do processamento de imagens e sinais. A tecnologia de convolução tem uma vasta gama de aplicações no processamento de sinais. A convolução unidimensional pode ser utilizada para calcular a acumulação retardada de vários sinais, enquanto a convolução bidimensional pode processar a informação da imagem de forma mais eficaz devido à sua estrutura bidimensional única.

(2) Camada de pooling

Quando é acrescentada uma camada convolucional, o número de parâmetros da rede neural convolucional aumenta geralmente. Por conseguinte, a camada de agrupamento é colocada após a camada convolucional para reduzir a dimensão da matriz de caraterísticas obtida pela camada convolucional, de modo a que o número de parâmetros da rede não aumente. A camada de agrupamento pode reduzir o tamanho dos dados intermédios da operação de convolução, pelo que a camada de agrupamento é também designada por camada de amostragem descendente[62]. A principal função da camada de agrupamento é reter as caraterísticas principais, obter invariância, reduzir a redundância de informação nos dados, reduzir a quantidade de cálculo e evitar o sobreajuste, melhorando assim a capacidade de generalização do modelo. A camada de agrupamento divide primeiro a matriz a reduzir em várias áreas pequenas, depois efectua a operação de agrupamento correspondente em cada área e, por fim, obtém o novo valor próprio. O agrupamento máximo e o agrupamento médio são os dois métodos de agrupamento mais utilizados. Para além destes dois métodos, existem também o agrupamento aleatório e o agrupamento mediano. O agrupamento máximo consiste em utilizar o valor máximo na área da imagem como o valor agrupado da área no processo de avanço e, em seguida, no processo de retrocesso, o gradiente é retropropagado através do valor máximo no processo de avanço e os gradientes noutras posições são 0; enquanto o agrupamento médio consiste em utilizar o valor agrupado da área como o valor médio da área no processo de avanço; no processo de retrocesso, as caraterísticas do gradiente são distribuídas uniformemente por cada posição. O objetivo do agrupamento médio consiste em selecionar a maioria das caraterísticas e reduzir o peso das caraterísticas importantes.

(3) Camada de incentivo

A operação de convolução da camada de convolução é uma operação linear. Se a rede neural convolucional apenas aumentar a profundidade da rede através da operação de convolução da camada de convolução ou da camada totalmente conectada, o resultado continua a ser linear. Por outras palavras, toda a rede é uma operação linear, pelo que, independentemente do número de camadas de convolução empilhadas, o efeito é o mesmo. Isto significa que é necessário adicionar operações não lineares entre as camadas convolucionais, ou entre as camadas convolucionais e as camadas totalmente ligadas, ou entre as camadas totalmente ligadas e as camadas totalmente ligadas[63]. Através da operação não linear da camada de excitação, a relação de mapeamento de funções complexas entre a entrada e a saída pode ser grandemente melhorada, melhorando assim grandemente a capacidade da rede para processar dados complexos. Através da função de excitação, os dados de entrada podem ser efetivamente mapeados dentro de um intervalo específico, evitando assim a expansão infinita dos dados[64].

(4) Camada totalmente conectada

A camada totalmente conectada está localizada antes da camada de saída. A sua função é integrar várias informações de caraterísticas na rede e mapeá-las no espaço de amostragem para gerar um vetor de caraterísticas. Todos os nós da camada anterior da camada totalmente ligada estão ligados aos neurónios da camada totalmente ligada, mas não há ligação entre os neurónios da mesma camada. Nas redes neurais convolucionais, a camada totalmente conectada desempenha um papel importante.

4.2 Máquina de vetor de suporte

O objetivo da SVM é separar corretamente diferentes tipos de dados utilizando um hiperplano. No espaço bidimensional, um hiperplano pode ser considerado como uma linha reta, enquanto que no espaço multidimensional se torna um hiperplano[65]. Entre todos os hiperplanos de divisão correta, o hiperplano que consegue dividir ao máximo a distância entre dois tipos de pontos de dados é o hiperplano de classificação ótimo. Em qualquer plano que possa ser dividido com precisão, o hiperplano de classificação ótimo é o plano com a distância máxima de diferença entre os dois tipos de pontos de dados, tornando a sua diferença mais óbvia. O hiperplano de classificação ótimo assegura a minimização do risco empírico e do intervalo de confiança, o que pode melhorar a capacidade de generalização do modelo[66].

As amostras linearmente separáveis são representadas por $\{(x_1, y_1), (x_2, y_2), \cdots, (x_m, y_m)\}$, $y_k \in \{-1,1\}, k = 1,2 \cdots m$. Onde $y_k = 1$ representa a classe positiva e $y_k = -1$ representa a classe negativa. Tal como a máquina de indução, o hiperplano é:

$$e^T + b = 0 \quad (4.1)$$

Dividir o espaço de caraterísticas em dois subespaços. A tarefa do classificador linear é encontrar e e b que têm uma taxa de erro de classificação baixa para as amostras de treino e podem xe podem dar uma previsão relativamente precisa para o novo vetor de caraterísticas de entrada, ou seja, têm boas caraterísticas de generalização. Na fórmula (4.1), eé o vetor normal do hiperplano.

Quando o vetor normal e é conhecido, a reta l_1 com e como vetor normal pode distinguir corretamente os dois tipos diferentes de dados, e há muitas linhas semelhantes que os podem dividir. Ao transladar a reta l_1 para baixo ou para cima até o ponto de amostragem parar, podemos obter linhas l_2 e linhas $l_3$que são chamadas linhas de suporte, os pontos nas linhas l_2 e l_3 são definidos como vectores de apoio[67]. As rectas paralelas que podem dividir com precisão os dois tipos de dados são designadas por linhas divisórias candidatas, e a linha entre a linha l_2 e a linha l_3 está longe dos dois tipos de amostras. O melhor efeito de classificação pode fazer com que o modelo tenha boas caraterísticas de generalização. Por conseguinte, quando o vetor normal eé conhecido, o método de divisão da linha pode ser calculado. A linha l_1 que pode dividir corretamente a área de dois tipos de dados e maximizar a distância entre os pontos que dividem os dois tipos de dados é designada por linha de classificação óptima, como mostra a Figura 4.2. Pode ver-se claramente na Figura 4.2 que a linha l_1 entre a linha l_2 e a linha l_3 pode dividir corretamente a área, está afastada dos dois tipos de amostras e tem o melhor efeito de classificação. l_1 é designada por linha de classificação óptima, e no espaço multidimensional l_1 é designada por superfície de classificação óptima.

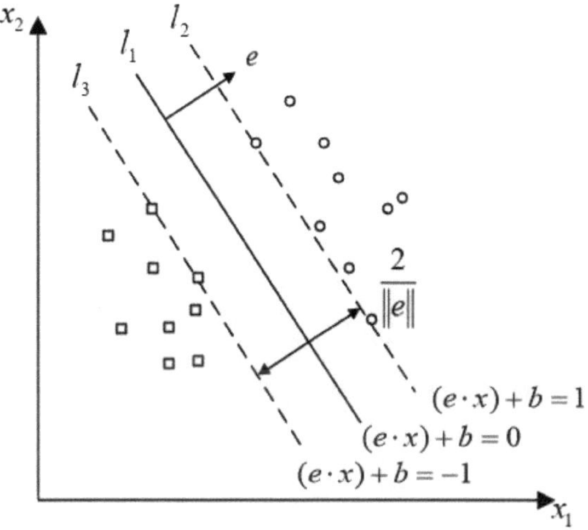

Fig.4.2 Linha de classificação óptima

Se traduzirmos l_1 para o canto superior direito ou para o canto inferior esquerdo por k unidades, obtém-se a fórmula linear de l_2 e l_3e, em seguida, reduzir os parâmetros e e b da fórmula linear l_2 e l_3 por k vezes em proporção, obtém-se a reta l_2 e l_3 pode ser expressa de forma equivalente como:

$$(e \cdot x) + b = 1 \tag{4.2}$$

$$(e \cdot x) + b = -1 \tag{4.3}$$

De acordo com a fórmula acima, a distância entre duas linhas de apoio é $2/\|e\|$.

4.2.1 Máquina de vetor de suporte linear

De acordo com a definição do hiperplano de classificação, quando o intervalo de classificação é o maior, a expressão do problema de otimização é apresentada na fórmula (4.4):

$$min\frac{1}{2}e^T e \tag{4.4}$$

$$s.t. y_k(e^T \cdot x_k + b) \geq 1, k = 1,2,\cdots,m$$

Através da fórmula (4.4), o problema de classificação pode ser transformado num problema de programação quadrática . Existem certas restrições para o problema de programação quadrática. As restrições específicas são apresentadas na fórmula (4.5).

Utilizando o método de otimização de Lagrange, as restrições da programação quadrática podem ser convertidas em condições duais. O multiplicador de Lagrange do método de otimização de Lagrange é $a_k \geq 0, k = 1,2,\cdots,m$pelo que o problema dual é apresentado na expressão (4.5).

$$L(e,b,\alpha) = \frac{1}{2}e^T e - \sum_{k=1}^{m} \alpha_k[y_k(ex_k + b) - 1] \quad (4.5)$$

Em seguida, calcule os valores mínimos de e e b correspondentes a Lagrange e, de acordo com o cálculo correspondente, podemos obter as fórmulas (4.6) e (4.7).

$$e = \sum_{k=1}^{m} y_k a_k x_k \quad (4.6)$$

$$\sum_{k=1}^{m} y_k a_k = 0 \quad (4.7)$$

Através da teoria da dualidade, o problema de classificação pode ser transformado num problema dual, e a expressão funcional de maximização (4.8) pode ser obtida. A fórmula (4.8) é um problema de programação quadrática com restrições de desigualdade. De acordo com uma série de fórmulas, a fórmula (4.9) pode ser obtida.

$$Q(\alpha) = \sum_{K=1}^{m} a_k - \frac{1}{2}\sum_{k,j=1}^{m} a_k a_j y_k y_j {x_k}^T x_j \quad (4.8)$$

$$s.t. \sum_{k=1}^{m} y_k \alpha_k = 0, (\alpha_k \geq 0, k = 1,2,\cdots,m)$$

$$f(x) = sgn(e^T x_k + b) = sgn(\sum_{i=1}^{n} \alpha_k^* y_k (x_k \cdot x) + b^*) \quad (4.9)$$

A função de classificação óptima pode ser resolvida da seguinte forma α_k^*: Na fórmula (4.9), b^* representa o limiar de classificação. De acordo com as condições KKT, a expressão da condição necessária e suficiente da superfície de classificação óptima pode ser obtida (4.10).

$$\alpha_k^*[y_k(e \cdot x_k + b) - 1] = 0 \quad (4.10)$$

Ao flexibilizar as condições, pode obter-se que as dimensões de α_k^* e $y_k(e \cdot x_k + b) - 1$ não podem ser iguais a 0 ao mesmo tempo, pelo que a expressão de b^* pode ser obtida como se mostra na fórmula (4.11).

$$b^* = y_k - \sum_{k=1}^{m} y_k \alpha_k^*(x_k x_j) \quad (4.11)$$

Quando o conjunto de dados de treino se depara com um problema linear inseparável, ou seja, a fórmula (4.4) não será capaz de resolver a solução correta. Por conseguinte, para este tipo de problema, é introduzida a teoria do conceito de intervalo suave. Através de variáveis de relaxamento condicional $\xi_i \geq 0$o número de amostras pode ser dividido com precisão e, em seguida, pode ser estabelecido o hiperplano de classificação ótimo. Assim, o problema de restrição original passa a ser a fórmula (4.12).

$$min \frac{1}{2} e^T e + C \sum_{k=1}^{m} \xi_k \quad (4.12)$$

$$s.t.(e^T x_k + b) \geq 1 - \xi_k, (\xi_k \geq 0, k = 1,2,\cdots,m)$$

Na fórmula (4.12), C representa o fator de penalização. O valor do fator de penalização está relacionado com Ca penalização por classificação incorrecta. Quanto maior for a penalização, maior será a penalização por classificação incorrecta e a correspondente capacidade de generalização será menor, e vice-versa. Este tipo de problema de programação quadrática pode ser resolvido de acordo com o método do multiplicador de Lagrange. Através dos cálculos correspondentes, pode obter-se a fórmula (4.13).

$$L = \frac{1}{2} e^T e + C \sum_{k=1}^{m} \xi_k - \sum_{k=1}^{m} a_k [y_k(e^T x_k + b) - 1 + \xi_k] - \sum_{k=1}^{m} \beta_k \xi_k \quad (4.13)$$

Na fórmula acima (4.13), a_k e β_k são multiplicadores de Lagrange, ambos maiores do que 0. Em seguida, as derivadas parciais de w, ξ_k e b são calculadas, respetivamente, através das fórmulas (4.14) a (4.16), e as derivadas parciais são definidas como iguais a 0.

$$\frac{\partial L}{\partial w} = e - \sum_{k=1}^{m} a_k y_k x_k = 0 \tag{4.14}$$

$$\frac{\partial L}{\partial b} = - \sum_{k=1}^{n} a_k y_k = 0 \tag{4.15}$$

$$\frac{\partial L}{\partial \xi_k} = C - a_k - \beta_k = 0 \tag{4.16}$$

Substituindo as fórmulas (4.14) a (4.16) na fórmula (4.13), a expressão dual correspondente (4.17) para o problema ótimo pode ser obtida por cálculo.

$$min \frac{1}{2} \sum_{k=1}^{m} \sum_{j=1}^{m} y_k y_j \alpha_k \alpha_j (x_k x_j) - \sum_{k=1}^{m} \alpha_k \tag{4.17}$$

$$s.t. \sum_{k=1}^{m} \alpha_k y_k \, , (0 \leq \alpha_k \leq C, k = 1, \cdots, m)$$

De acordo com o problema de otimização, *k pode ser dividido em três representações. A primeira é α_k^* igual a C, que α_k^* representa os pontos de amostragem formados pela divisão incorrecta das amostras de treino; a segunda é que o valor de α_k^* esteja entre 0 e Cque α_k^* representa o vetor de suporte normalizado; o terceiro é α_k^* igual a 0, que α_k^* pode determinar o plano de classificação ótimo. Para a segunda representação α_k^* representação, as fórmulas (4.18) e (4.19) podem ser calculadas de acordo com as condições KKT, como se mostra a seguir.

$$\alpha_k^* [y_k (e^* \cdot x_k + b) - 1 + \xi_k^*] = 0 \tag{4.18}$$

$$\beta_k^* \xi_k^* = 0 \tag{4.19}$$

Porque o valor de β_k^* é maior do que 0, ele é ξ_k^* igual a 0, obtendo-se assim as fórmulas (4.20) e (4.21).

$$y_k (e^* \cdot x_k) + b^* = 1 \tag{4.20}$$

$$b^* = y_k - e^* \cdot x_k = y_k - \sum_{k=1}^{m} y_k \alpha_k^* (x_k \cdot x_j) \tag{4.21}$$

Por conseguinte, a função de decisão é apresentada na fórmula (4.22).

$$f(x) = sgn(\sum_{k=1}^{m} \alpha_k^* y_k (x_k \cdot x) + b^*) \tag{4.22}$$

4.2.2 Máquina de vetor de suporte não linear

O processo de formação das máquinas de vectores de apoio não lineares e das máquinas de vectores de apoio lineares consiste em otimizar o classificador através da maximização da margem[68]. A diferença entre as máquinas de vectores de suporte não lineares e as máquinas de vectores de suporte lineares é que as máquinas de vectores de suporte não lineares utilizam funções de kernel para transformação implícita e não requerem a transformação explícita das caraterísticas dos dados. Precisam de calcular mais parâmetros para mapear os dados num espaço de elevada dimensão, o que requer mais tempo de computação e espaço de armazenamento durante a formação[69]. As máquinas de vectores de apoio não lineares são amplamente utilizadas na classificação de imagens[70]processamento de linguagem natural[71]bioinformática[72] e noutros domínios.

Máquinas de vectores de suporte[73] podem efetivamente processar dados complexos. Utilizam relações de mapeamento não lineares para mapear os dados de entrada de dimensões baixas para dimensões elevadas e utilizam o princípio da separabilidade linear para construir um hiperplano de classificação ótimo, de modo a que o processo de processamento de dados complexos possa ser eficazmente controlado e se possa obter uma função de decisão eficaz. A SVM utiliza a tecnologia da função kernel para resolver eficazmente o problema da catástrofe dimensional causada pelo mapeamento não linear[74]. Pode mapear dados complexos para um espaço maior, construindo assim mais eficazmente o modelo de decisão das máquinas de vectores de apoio[75].

Para o problema dual, é necessário calcular o produto interno, pelo que, no espaço de caraterísticas de elevada dimensão, é necessário transformar (x_i, x_j) em $(\phi(x_i) \cdot \phi(x_j))$, então há a existência de $K(x_i, x_j) = ((\phi(x_i) \cdot \phi(x_j))$, $K(x_i, x_j) = ((\phi(x_i) \cdot \phi(x_j))$ pode corresponder ao produto interno de um determinado espaço de transformação. Depois de introduzir a função kernel, a construção da função discriminante não linear pode ser transformada num problema de otimização dual, como mostra a fórmula (4.23).

$$max\, Q\,(\alpha) = \sum_{k=1}^{m} \alpha_i - \frac{1}{2}\sum_{k,j=1}^{n} \alpha_k \alpha_j y_k y_j K(x_k, x_j) \tag{4.23}$$

$$s.t. \sum_{k=1}^{m} \alpha_k y_k = 0, (0 \le \alpha_k \le C, k = 1,2,\cdots,m)$$

A função de decisão não linear pode ser descrita pela fórmula (4.24).

$$\mathrm{f(x) = sgn(}\sum_{k=1}^{m} \alpha_k^* y_k (x_k \cdot x) + b^*) \tag{4.24}$$

A função kernel[76] desempenha um papel importante nas máquinas de vectores de suporte. Pode resolver eficazmente o problema da inseparabilidade linear da SVM, ou seja, transforma o conjunto de amostras de entrada de um espaço de caraterísticas de baixa dimensão para um espaço de caraterísticas de alta dimensão através de uma relação de mapeamento não linear, alcançando assim a separabilidade linear e resolvendo o hiperplano de classificação ótimo. Para atingir este objetivo, a chave é encontrar uma função de mapeamento que possa transformar eficazmente caraterísticas de baixa dimensão em caraterísticas de alta dimensão. Este capítulo opta por utilizar a função de kernel de base radial.

As funções do núcleo das máquinas de vectores de apoio K são principalmente as seguintes:

(1) Kernel linear:

$$K(x_k, x_j) = x_k \cdot x_j \tag{4.25}$$

(2) Função de Kernel Polinomial (PKF):

$$K(x_k, x_j) = [\gamma(x_k \cdot x_j) + c]^d \tag{4.26}$$

(3) Função de base radial (RBF):

$$K(x_k, x_j) = exp(-g\|x_k - x_j\|^2) \tag{4.27}$$

4.3 Mecanismo de otimização dos parâmetros SVM baseado no PSO

A essência da otimização dos parâmetros da máquina de vectores de apoio consiste em selecionar factores de penalização adequados C e os parâmetros do núcleo g. Se Co valor de for demasiado pequeno, o modelo não será capaz de aprender eficazmente, o que implicará um maior risco empírico; pelo contrário, se Cpelo contrário, se o valor de for demasiado grande, fará com que o modelo aprenda em excesso, o que também acarreta o mesmo risco. Por conseguinte, o algoritmo de otimização por enxame de partículas é utilizado para otimizar os parâmetros da máquina de vectores de apoio para obter os melhores parâmetros, melhorando assim a precisão da previsão do modelo. O princípio básico do algoritmo de otimização por enxame de partículas é simples e claro. Actualiza continuamente a posição da solução, simulando o voo de um bando de aves para atingir o objetivo de encontrar a solução óptima. A forma básica deste método não é complicada e a operação é relativamente simples, pelo que é amplamente utilizado. O algoritmo de otimização por enxame de partículas pode encontrar a solução óptima para determinados problemas num espaço de tempo muito curto e pode ser utilizado para resolver muitos problemas práticos.

Através da observação do comportamento de grupos de animais, como peixes e abelhas, e do estudo do comportamento de predação de grupos de aves, foi proposto o algoritmo de otimização por enxame de partículas[78]. Quando as aves procuram e caçam alimentos, trocam mensagens entre si para conseguirem partilhar recursos. Através deste comportamento, podem fazer ajustes adequados e razoáveis às acções de caça seguintes. O espaço onde as aves procuram comida pode ser imaginado como o espaço de solução do problema de otimização. O alimento que procuram é a solução óptima que pretendem encontrar através do algoritmo de enxame de partículas. O algoritmo de enxame de partículas pode imaginar o grupo de aves como uma partícula. Assume-se que cada partícula tem um determinado volume e massa e tem velocidades diferentes. As partículas podem voar em qualquer direção dentro de um espaço limitado para encontrar comida.

A lei de variação da velocidade própria de uma partícula é a fórmula (4.28), e a lei de variação da sua posição é a fórmula (4.29).

$$v_{n+1} = v_n + c_1 r_1 (pbest - X_n) + c_2 r_2 (gbest - X_n) \quad (4.28)$$

$$X_{n+1} = X_n + v_{n+1} \quad (4.29)$$

Na fórmula (4.28), v_n representa o valor da velocidade da partícula na n-ésima iteração de atualização; X_n refere-se à sua própria posição na n-ésima iteração de atualização; c_1 representa a capacidade de ajustamento de uma partícula para seguir a sua própria posição histórica óptima, é o coeficiente de ponderação; c_2 representa a capacidade de ajustamento de uma partícula para seguir a posição óptima de todas as partículas; r_1 e r_2 representa a capacidade de cada partícula da população para percorrer todas as posições em toda a área, melhorando assim a capacidade de pesquisa global do algoritmo; pbest representa a melhor posição de uma partícula entre as posições que foram exploradas cumulativamente em gerações anteriores; gbest refere-se à posição óptima de todas as partículas que exploraram todo o global cumulativamente em gerações anteriores. O processo do algoritmo SVM de otimização PSO é apresentado na Figura 4.3.

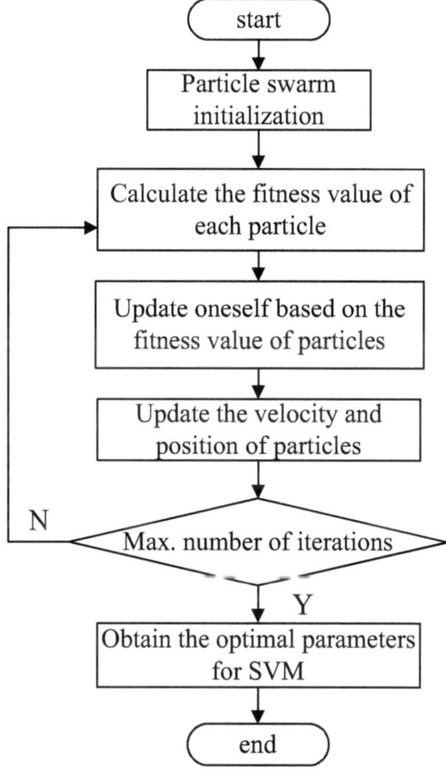

Fig.4.3 Fluxograma da otimização PSO SVM

As etapas específicas do algoritmo SVM de otimização PSO são as seguintes:

(1) Inicializar o enxame de partículas.

(2) Determinar a função de aptidão do PSO como o erro quadrático médio (MSE) do conjunto de treino SVM e calcular o valor de aptidão de cada partícula.

(3) Para cada partícula, comparar o valor de aptidão da sua posição atual com o valor de aptidão correspondente à sua melhor posição histórica pbest. Se o valor de aptidão da posição atual for mais elevado, utilizar a posição atual para atualizar a melhor posição histórica.

(4) Para cada partícula, comparar o valor de aptidão da sua posição atual com o valor de aptidão correspondente à sua melhor posição global gbest. Se

o valor de aptidão da posição atual for mais elevado, utilizar a posição atual para atualizar a melhor posição global.

(5) Atualizar a velocidade e a posição de cada partícula.

(6) Se a condição de terminação não for cumprida, voltar ao passo 2. Se a condição de terminação for satisfeita, produzir a solução óptima.

4.4 Processo de previsão da vida útil do enrolamento do motor síncrono de ímanes permanentes com base na CNN-ISVM

Este capítulo propõe um método de previsão da vida útil do enrolamento de um motor síncrono de ímanes permanentes baseado na CNN-ISVM. Recolhe dados do enrolamento do motor síncrono de ímanes permanentes, extrai caraterísticas do domínio tempo-frequência e, em seguida, utiliza a rede CNN para captar informações mais profundas e, finalmente, transmite-as à rede SVM optimizada por PSO para previsão. O processo de previsão da vida útil do enrolamento do motor síncrono de ímanes permanentes com base na CNN-ISVM é apresentado na Figura 4.4.

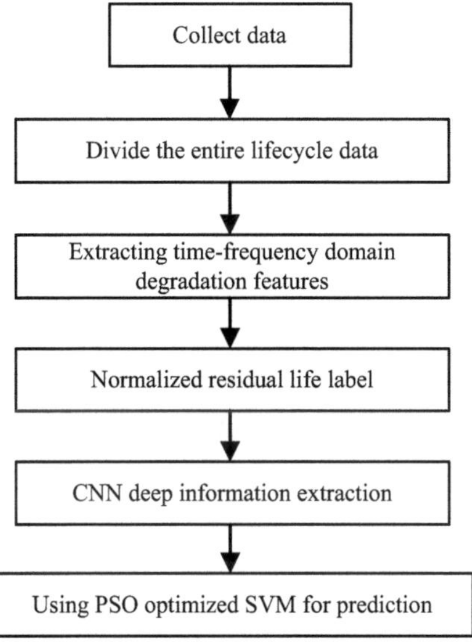

Fig.4.4 Processo de previsão da vida útil da bobinagem do motor síncrono de ímanes permanentes com base na CNN-ISVM

Os passos específicos são:

(1) Recolher sinais do enrolamento do motor síncrono de ímanes permanentes ao longo do seu ciclo de vida;

(2) Os dados relativos ao ciclo de vida completo são divididos e são extraídas as caraterísticas de degradação no domínio tempo-frequência, que são o valor máximo, o valor mínimo, o valor médio, o valor pico a pico, o valor médio do valor absoluto, a assimetria, a variância, o desvio-padrão, a curtose, a raiz quadrada média, o fator de forma, o fator de margem, o fator de impulso e o fator de pico, a frequência do centro de gravidade, a frequência quadrada média, a variância da frequência, a raiz quadrada média da frequência e o desvio-padrão da frequência;

(3) Utilizar o método de rotulagem da vida restante normalizada para rotular os dados.

(4) Dividir o modelo em conjunto de treino e conjunto de teste, com o conjunto de treino a representar 70% dos dados totais e o conjunto de teste a representar 30% dos dados totais.

(5) Utilizar a rede CNN para captar informações mais profundas e, em seguida, utilizar a rede SVM optimizada por PSO para a previsão.

4.5 Verificação e análise das experiências de simulação

4.5.1 Obtenção de dados

Uma vez que é difícil encontrar dados sobre o envelhecimento dos enrolamentos dos motores síncronos de ímanes permanentes, os dados experimentais do ciclo de vida completo dos rolamentos fornecidos pelo Centro de Manutenção Inteligente de Cincinnati, nos Estados Unidos, são utilizados para verificação e explicação. O quinto conjunto de dados no ficheiro 1st_test contém 44.154.880 pontos de dados. Os dados são amostrados no mesmo intervalo e são os dados de vibração de danos no anel interno do rolamento. A experiência começou às 12:06:24 de 22 de outubro de um determinado ano e terminou às 23:39:56 de 25 de novembro desse ano, num total de cerca de 8 a 27 horas.

4.5.2 Previsão da vida útil do enrolamento do motor síncrono de ímanes permanentes com base na CNN- ISVM

880 dados de 44154880 foram removidos e divididos em 1000 grupos de dados de acordo com a experiência, cada um com 44154 dados. Foram extraídas 19 caraterísticas do domínio tempo-frequência, incluindo o valor máximo, o valor mínimo, o valor médio, o valor de pico a pico, o valor médio do valor absoluto, a assimetria, a variância, o desvio-padrão, a curtose, a raiz do quadrado médio, o fator de forma de onda, o fator de margem, o fator de impulso, o fator de pico, a frequência do centróide, a frequência do quadrado médio, a variância da frequência, a raiz do quadrado médio da frequência e o desvio-padrão da frequência. As caraterísticas do domínio tempo-frequência foram transformadas em caraterísticas de degradação. Foi adotado o método de etiquetagem da vida restante normalizada , ou seja, o estado inicial RUL foi marcado como "1", o estado de falha foi marcado como "0"

e as etiquetas de vida restante em qualquer momento foram:

$$Lable_t = \frac{RUL_t}{RUL_0} \tag{4.30}$$

Entre eles, RUL_t é o tempo de vida restante da amostra no momento *t*, RUL_0 é o tempo de vida restante do estado inicial, $RUL_t = Sample_n - Sample_t$ é a vida útil restante da amostra no tempo *t*, $\mathrm{Sample_t}$ é o tempo de amostragem da amostra no tempo *t*, e $Sample_n$ é o tempo de amostragem da última amostra. Por exemplo, se o número total de amostras for 1000, ou seja $Sample_n = 1000$o tempo de vida restante da terceira amostra $RUL_t = Sample_n - Sample_t = 1000 - 3 = 997$ a etiqueta da terceira amostra é:

$$Lable_3 = RUL_3/RUL_0 = 997/1000 = 0.997 \tag{4.31}$$

O ciclo de vida do dispositivo é de cerca de 827 horas. Quando o dispositivo está no terceiro estado de amostragem, a vida útil restante é de cerca de:

$$827 * 0.997 = 824.519 \tag{4.32}$$

O conjunto de treino da rede CNN-ISVM é definido para representar 70% do conjunto total de dados, e o conjunto de teste é definido para representar 30% do conjunto total de dados. 19 caraterísticas do domínio tempo-frequência são introduzidas numa rede neural convolucional de 1 camada para extração adaptativa de caraterísticas, o tamanho do núcleo de convolução é definido como $3 * 1$o número de núcleos de convolução é fixado em 16 e a ReLU é utilizada como função de ativação. A CNN pode extrair informações úteis dos dados de entrada através da definição do tamanho do kernel e, em seguida, transmitir as informações extraídas pela rede CNN para a rede SVM optimizada por PSO. A SVM optimizada por PSO pode aprender eficazmente estas caraterísticas, descobrindo assim a ligação intrínseca e a periodicidade entre os dados e pode ser utilizada para prever dados futuros. O intervalo de valores de C é $[0,100]$o intervalo de valores de g é$[0,100]$a dimensão de pesquisa é 2, o tamanho da população de partículas é 30, o número de evoluções é 200, o fator de aprendizagem C1 é 1,5 e C2 é 1,7. Para avaliar o modelo de previsão da vida útil do enrolamento do motor síncrono de ímanes permanentes baseado na CNN-ISVM proposto neste capítulo, a raiz do erro quadrático médio (RMSE) e o erro absoluto médio (MAE) são selecionados como indicadores de avaliação para medir os resultados.

(1) Raiz do erro quadrático médio:

$$RMSE = \sqrt{\frac{1}{N}\sum_{k=0}^{N}(\hat{y}_k - y_k)^2} \tag{4.33}$$

(2) Erro absoluto médio:

$$MAE = \frac{1}{N}\sum_{1}^{N}|\hat{y}_k - y_k| \tag{4.34}$$

Os resultados da previsão do conjunto de treino da previsão da vida útil do enrolamento do motor síncrono de ímanes permanentes com base na CNN-ISVM são apresentados na Figura 4.5, e os resultados da previsão do conjunto de teste são apresentados na Figura 4.6. O RMSE e o MAE do modelo de previsão da vida útil do enrolamento do motor síncrono de ímanes permanentes baseado na CNN-ISVM são apresentados na Tabela 4.1.

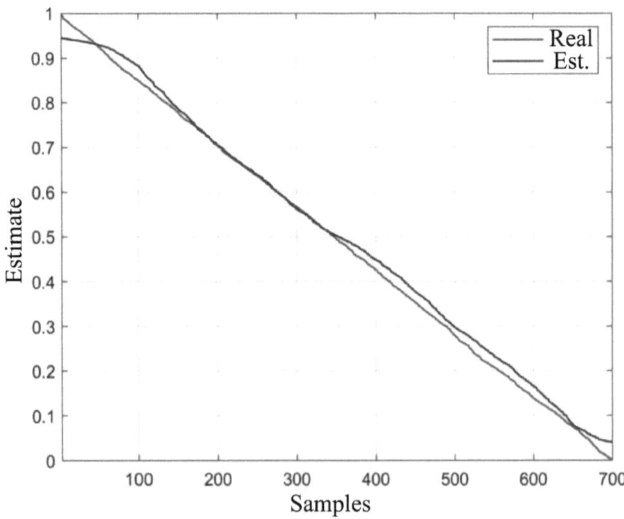

Fig.4.5 Resultados previstos do conjunto de treino do modelo CNN-ISVM

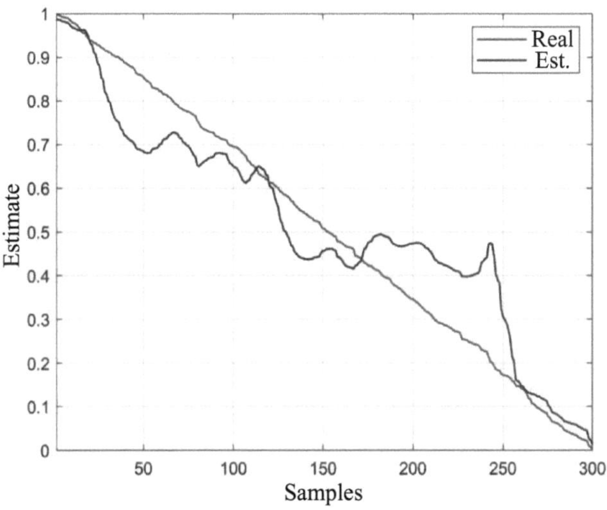

Fig.4.6 Resultados da previsão do conjunto de teste com base na CNN-ISVM

O RMSE e o MAE do modelo de previsão da vida útil do enrolamento do motor síncrono de ímanes permanentes baseado na CNN-ISVM são apresentados na Tabela 4.1.

Tabela 4.1 Resultados da previsão com base no modelo CNN-ISVM

Conjunto de dados	R MSE	MAE
Conjunto de treino	0.0020	0.0164
Conjunto de teste	0.0993	0.0796

4.5.3 Comparação e análise do desempenho da previsão com outros métodos de previsão de vida

Para verificar se o modelo de previsão da vida útil do enrolamento do motor síncrono de ímanes permanentes baseado na CNN-ISVM é mais vantajoso, as redes neurais BP, CNN-BP, LSTM e CNN-LSTM são utilizadas para prever a vida útil do enrolamento do motor síncrono de ímanes permanentes e comparadas com o modelo de previsão baseado na CNN-

ISVM. Os resultados da previsão do conjunto de teste com base no modelo de rede neural BP são apresentados na Figura 4.7. Os resultados da previsão do conjunto de teste com base no modelo CNN-BP são apresentados na Figura 4.8. Os resultados da previsão do conjunto de teste com base no modelo LSTM são apresentados na Figura 4.9. Os resultados da previsão do conjunto de teste com base no modelo CNN -LSTM são apresentados na Figura 4.10.

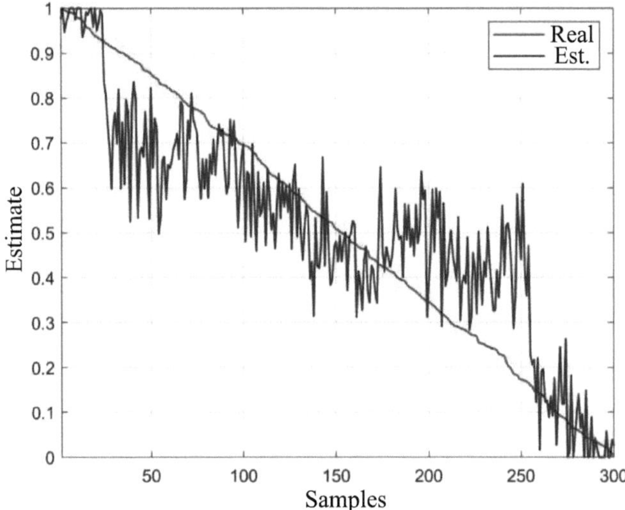

Fig.4.7 Resultados da previsão do conjunto de teste da rede neural BP

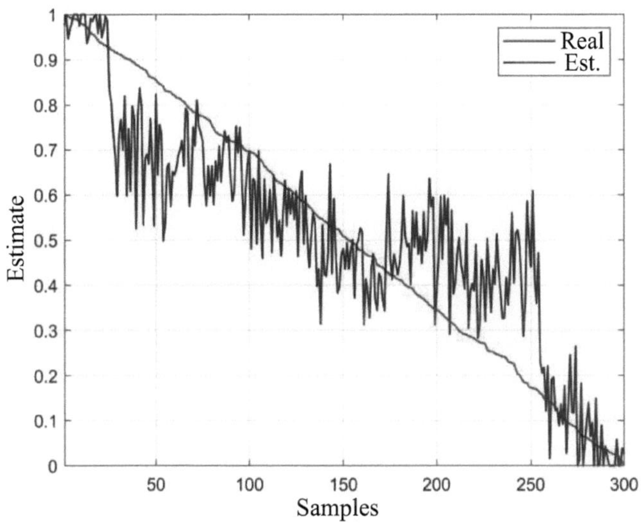

Fig.4.8 Resultados previstos do conjunto de teste do modelo CNN-BP

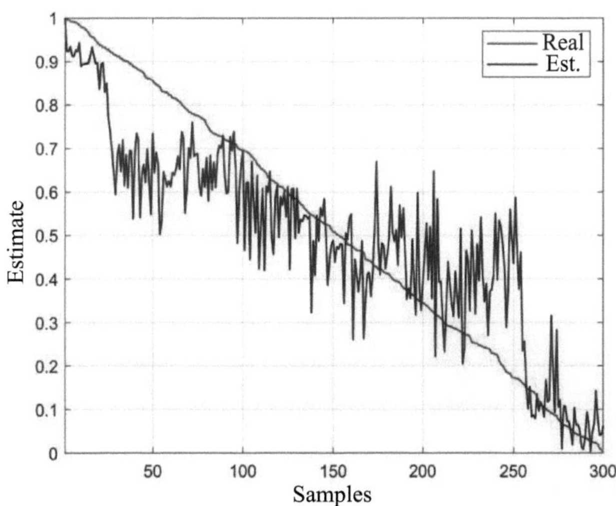

Fig.4.9 Resultados da previsão do conjunto de teste do modelo LSTM

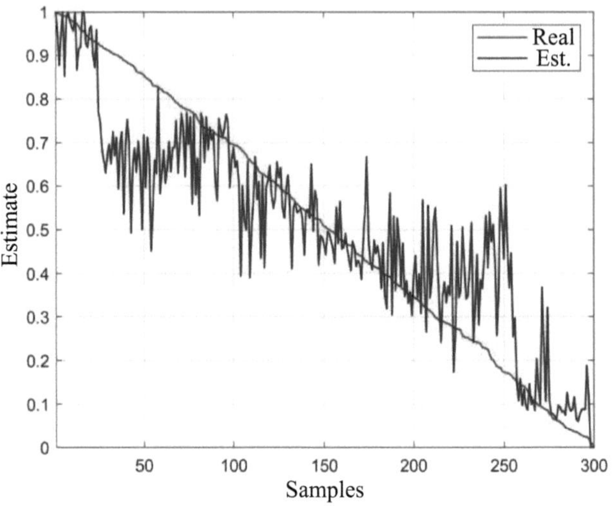

Fig. 4.10 Resultados da previsão do conjunto de teste do modelo CNN-LSTM

A Tabela 4.2 mostra os resultados da previsão do conjunto de treino e do conjunto de teste para a previsão da vida útil dos enrolamentos de motores síncronos de ímanes permanentes utilizando as redes neurais BP, CNN - BP, LSTM, CNN-LSTM e CNN-ISVM.

Tabela 4.2 Resultados previstos dos diferentes métodos

Modelo .	Conjunto de treino R MSE	Conjunto de treino MAE	Conjunto de teste RMSE	Conjunto de teste MAE
BP	0.0664	0.0975	0.1400	0.1068
CNN-BP	0.0331	0.0667	0.1341	0.0977
LSTM	0.0581	0.0735	0.1363	0.1042
CNN-LSTM	0.0125	0.0608	0.1322	0.0957
CNN-ISVM	0.0020	0.0164	0.0993	0.0796

Para provar que a previsão da vida útil do enrolamento do motor síncrono de ímanes permanentes baseada na CNN-ISVM é mais vantajosa, esta secção verifica-a através de experiências de simulação. Da Figura 4.5 à

Figura 4.10, e à Tabela 4.2, o erro de previsão utilizando a rede neural BP é o maior, e o modelo de previsão sem CNN é obviamente maior do que o modelo de previsão utilizando CNN, indicando que a CNN pode extrair informações mais profundas e prever melhor os dados. Em comparação com outros modelos de previsão, o modelo de previsão baseado na CNN-ISVM tem um melhor desempenho na previsão da vida útil dos enrolamentos de motores síncronos de ímanes permanentes, tem uma precisão significativa, consegue captar com mais precisão as caraterísticas das séries temporais dos dados e aprender melhor a relação entre as variáveis de estado passadas e futuras, para prever melhor a vida útil restante dos enrolamentos do motor.

4.6 Resumo

Este capítulo apresenta em pormenor os princípios relevantes das redes neuronais convolucionais e das máquinas de vectores de suporte. Em seguida, os parâmetros da máquina de vectores de suporte têm uma grande influência nos resultados de previsão do modelo. O algoritmo PSO é utilizado para otimizar os parâmetros da SVM, e é proposto um método de previsão da vida útil do enrolamento de motores síncronos de ímanes permanentes baseado na CNN-ISVM. Através de experiências de simulação e comparação com outros métodos, conclui-se que o método de previsão da vida útil do enrolamento do motor síncrono de ímanes permanentes baseado na CNN-ISVM proposto neste capítulo é mais preciso, tem melhor desempenho e está mais de acordo com a situação real. Pode ser aplicado à previsão da vida útil de outros componentes electrónicos, melhorando assim a precisão da previsão.

Capítulo 5 Implementação do sistema de diagnóstico de avarias e previsão de vida útil do motor

5.1 Plataforma de desenvolvimento de software

5.1.1 Instrumento virtual LabVIEW

O LabVIEW (Laboratory Virtual Instrument Engineering Workbench) foi desenvolvido pela National Instruments (NI) nos Estados Unidos[79]. É, sem dúvida, uma ferramenta poderosa no domínio dos ensaios. Pode ser amplamente utilizado em muitos domínios, como a medição e o controlo, e tornou-se a plataforma preferida para o desenvolvimento de software de instrumentos virtuais. O LabVIEW utiliza uma tecnologia de programação gráfica simples e fácil de compreender, que permite aos utilizadores identificar facilmente as funções dos gráficos e combiná-las organicamente, simplificando assim consideravelmente a complexidade da linguagem de programação. O LabVIEW realiza a transmissão de dados ajustando a direção da ligação, o que reduz consideravelmente o tempo de programação[80]. Além disso, o LabVIEW também fornece uma variedade de funções de correção de erros em tempo real.

O LabVIEW é fácil de utilizar, rápido de desenvolver e pode interagir com muito software, o que o torna uma escolha ideal para sistemas de diagnóstico de avarias e é amplamente utilizado em vários domínios. Este artigo utiliza o LabVIEW para construir um sistema completo de diagnóstico de avarias em motores.

5.1.2 Base de dados SQL Server

A base de dados SQL Server foi originalmente desenvolvida pela Microsoft, Sybase e Ashton-Tate gong. O SQL Server é económico, fácil de utilizar, escalável e adequado para organizações distribuídas, altamente fiável, com excelente desempenho e altamente seguro. Pode atualizar, consultar e processar rapidamente grandes quantidades de dados, o que faz dele um dos produtos de base de dados mais populares atualmente. Com base nos motivos acima referidos, este artigo utiliza o SQL Server como software de base de dados.

5.2 Conceção da estrutura do sistema de diagnóstico de avarias do motor e de previsão de vida útil

De acordo com a análise da estrutura e da função do sistema de monitorização de avarias do motor, o sistema pode ser composto por diagnóstico de avarias, previsão de vida útil e alarme. A estrutura do sistema de diagnóstico de avarias do motor e de previsão da vida útil é concebida, como se mostra na figura 5.1

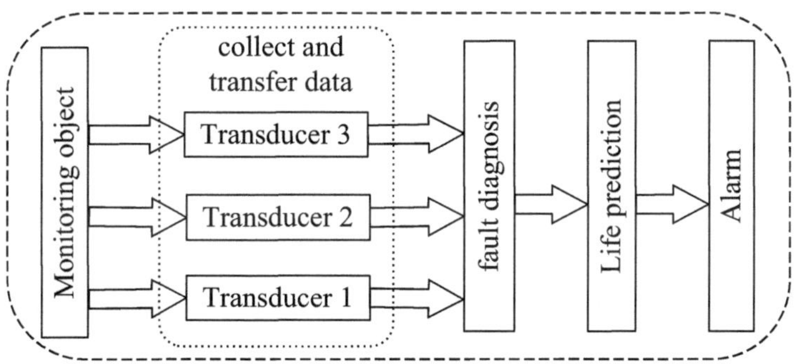

Fig.5.1 Estrutura do sistema de diagnóstico de avarias do motor e de previsão da vida útil restante

O sistema não só precisa de realizar a gestão de contas e a leitura de dados, como também precisa de completar funções como o diagnóstico de falhas e a previsão de vida útil. Cada interface precisa de realizar as funções correspondentes para realizar as funções de todo o sistema.

(1) Módulo de início de sessão do utilizador

Antes de iniciar a sessão no sistema, os utilizadores devem introduzir o nome de utilizador e a palavra-passe corretos para garantir a segurança e a fiabilidade do sistema. A interface de início de sessão inclui o nome de utilizador, a palavra-passe, o início de sessão e o fim de sessão, e todas estas informações são armazenadas na base de dados. Só após uma verificação bem sucedida é que os utilizadores podem aceder à interface de funcionamento do sistema e obter as informações mais recentes do sistema. Se o utilizador introduzir uma conta ou palavra-passe incorrecta, o sistema apresentará uma mensagem de falha para lembrar o utilizador de iniciar novamente a sessão, a fim de garantir que o utilizador pode concluir com segurança e rapidez operações como a recolha, transmissão, armazenamento e análise de dados.

(2) Módulo de diagnóstico de avarias

utiliza o VMD melhorado para eliminar o ruído do sinal original de acordo com o método de diagnóstico de falhas de curto-circuito entre curvas baseado em IVMD - MPFE - IBiLSTM no Capítulo 3, extrai as caraterísticas multi-escala melhoradas e, finalmente, utiliza o BiLSTM optimizado pelo algoritmo da baleia para diagnosticar o curto-circuito entre curvas. Se ocorrer uma avaria de curto-circuito entre curvas, o pessoal de manutenção pode ser alertado para tomar medidas eficazes a tempo de evitar que uma pequena avaria se transforme numa avaria grave e provoque a falha de todo o sistema.

(3) Módulo de previsão do tempo de vida

O módulo de previsão de vida útil utiliza o modelo CNN-ISVM proposto no Capítulo 4 para prever a vida útil do enrolamento do motor. Ao estimar com precisão a vida útil restante do enrolamento do motor, a probabilidade de acidentes é reduzida e o funcionamento normal do motor pode ser efetivamente assegurado. O estado do enrolamento do motor é monitorizado para uma utilização mais eficiente do motor e a sua manutenção a um custo mais baixo.

(4) Módulo de informação de alarmes

Quando ocorre uma avaria no motor após o diagnóstico de curto-circuito de rotação para rotação, ou quando a vida útil do enrolamento está abaixo do limiar, o painel de informações de alarme apresenta informações relevantes, tais como "Nome do dispositivo", "Nível de alarme", "Tempo de alarme" e "Motivo do alarme".

5.3 Implementação do sistema de previsão de avarias e de vida útil do motor com base no LabVIEW

5.3.1 Interface de início de sessão

O utilizador deve introduzir o nome de utilizador e a palavra-passe corretos para iniciar a sessão no sistema. As interfaces de falha e sucesso do login do sistema de diagnóstico de avarias e previsão de vida útil do motor são apresentadas na Figura 5.2

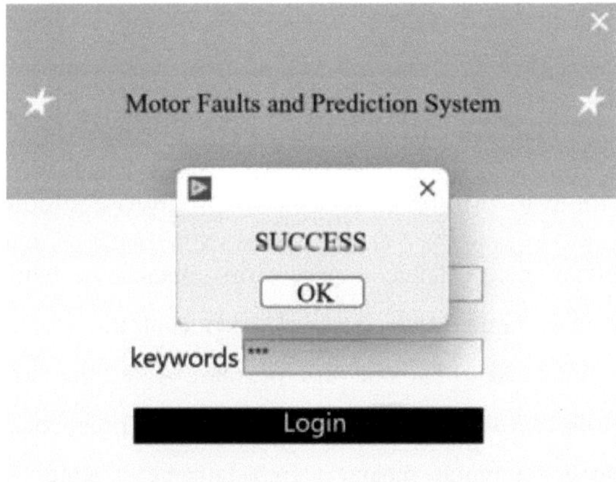

Fig.5.2 Ecrã de falha de início de sessão

Para ver os utilizadores que existem no software atual, abra a base de dados com o software Microsoft SQL, o tipo de servidor é o motor da base de dados e o método de autenticação é a autenticação do SQL Server. A interface de início de sessão do SQL Server e a interface de consulta do utilizador atual são mostradas na Figura 5.3.

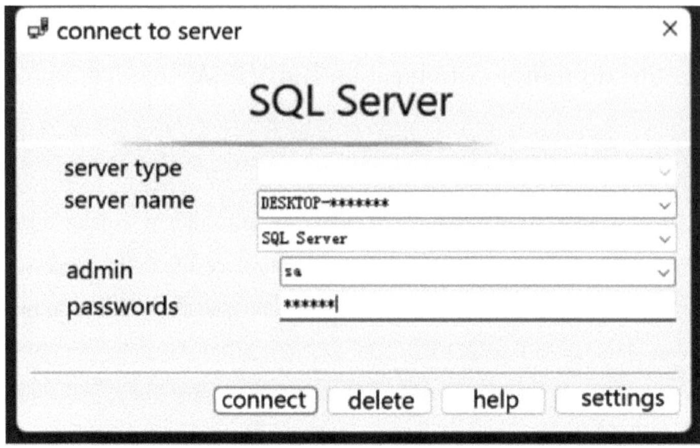

Fig.5.3 Interface de ligação à base de dados

5.3.2 Adicionar informações sobre o dispositivo e selecionar

Quando um motor falha, é necessário contactar o fabricante para reparação o mais rapidamente possível, caso contrário terá um enorme impacto na produção e na vida das pessoas. A informação básica do equipamento destina-se principalmente a resolver este problema, permitindo aos utilizadores do motor reparar atempadamente o motor avariado. A interface de adição de equipamento, onde se pode adicionar informações sobre o equipamento, incluindo o nome do equipamento, o fabricante, a finalidade e a descrição.

Ao adicionar um sinal de dispositivo, é necessário selecionar o dispositivo ao qual o sinal deve ser adicionado, caso contrário o sinal não pode ser adicionado.

A seleção do equipamento e do sinal pode selecionar o sinal a ser detectado. O sinal que precisa de ser detectado é obtido através da recolha de dados. No sistema de diagnóstico de avarias do motor e de previsão de vida útil, a recolha de dados é muito importante. Está diretamente relacionada com a fiabilidade de uma série de processos subsequentes. Antes de processar os dados, é necessário determinar os dados específicos necessários para o processo subsequente de recolha. Só através da recolha de dados adequados e razoáveis é possível efetuar a análise subsequente. A recolha de dados é geralmente efectuada através da instalação dos sensores correspondentes e estes devem ser colocados em posições razoáveis. Para que os dados sejam recolhidos com precisão na base de dados, é necessário seguir o protocolo de transmissão de dados. Ao chamar SQL SEVER lê os dados recolhidos.

5.3.3 Diagnóstico de falhas

Ao efetuar o diagnóstico de avarias, o processo de operação é consistente com o Capítulo 3. Em primeiro lugar, recolher a corrente do estator do motor síncrono de ímanes permanentes, utilizar o VMD optimizado pelo algoritmo do lobo cinzento para decompor o sinal, calcular a curtose de cada componente modal e selecionar o componente modal com curtose superior a 3 como o componente eficaz para a reconstrução da sobreposição. Em seguida, extrair as caraterísticas multi-escala do sinal reconstruído. Por fim, utilizar o BiLSTM optimizado pelo algoritmo da baleia para diagnosticar a avaria de curto-circuito entre torres. A interface de leitura de dados é apresentada na Figura 5.4.

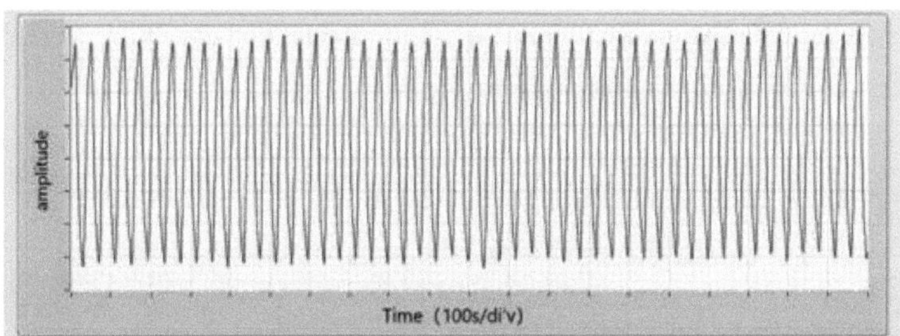

Fig.5.4 Leitura de dados

Após a leitura dos dados, prima o botão Otimização do Algoritmo Gray Wolf na interface para obter os resultados da otimização V MD e os valores de curtose de cada componente. O resultado da reconstrução do sinal é apresentado na Figura 5.5:

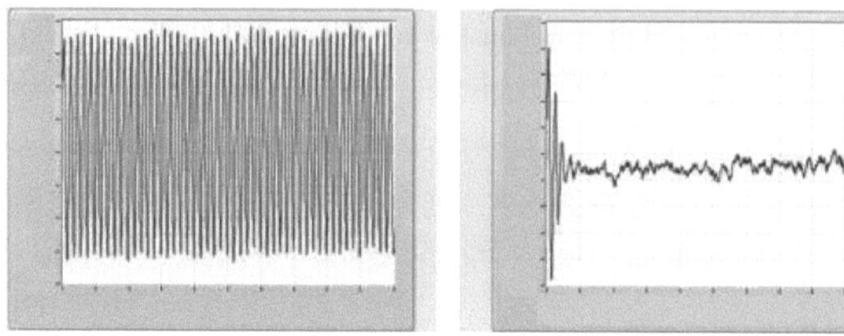

Fig.5.5 Gráfico do resultado da reconstrução do sinal

5.3.4 Gráfico de vida

O módulo de previsão da vida útil obtém primeiro as caraterísticas do domínio tempo-frequência do sinal de vibração, depois utiliza a rede CNN para captar informações mais profundas e, por fim, transmite-as à rede SVM optimizada por PSO para prever a vida útil do enrolamento do motor, de modo a que os utilizadores possam compreender melhor os danos actuais do enrolamento do motor e tomar medidas atempadas para evitar perdas causadas por falhas, fazendo assim uma utilização mais eficaz do motor e mantendo-o a um custo mais baixo. A previsão de vida deste software é conseguida chamando o programa MATLAB através do Labview. A interface de leitura de dados é apresentada na Figura 5.6.

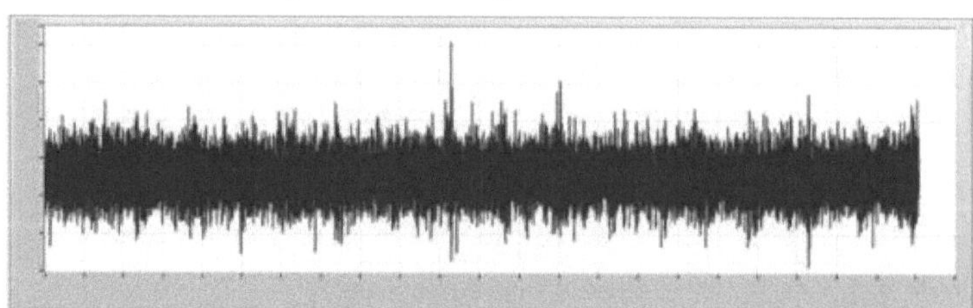

Fig.5.6 Leitura de dados

5.3.5 Informações sobre o alarme

Inicie sessão na página de informações de alarme para obter o "nome do dispositivo", o "nível de alarme", a "hora do alarme", o "motivo do alarme" e o "estado". Depois de o dispositivo correspondente às informações de alarme ser processado, o utilizador pode selecionar o nome do dispositivo correspondente e clicar em Processar para apresentar o estado como processado. O utilizador também pode apagar o alarme.

5.4 Resumo

Este capítulo descreve principalmente as informações relevantes da plataforma de desenvolvimento de software e concebe a estrutura do sistema de diagnóstico de avarias e de previsão da vida útil do motor. O sistema de diagnóstico de avarias do motor e de previsão da sua vida útil é concebido e desenvolvido com recurso ao software LabVIEW e SQL Server, realizando funções como o início de sessão do utilizador, a adição de informações sobre o dispositivo, o diagnóstico de avarias e a previsão da sua vida útil e, ao mesmo tempo, através de experiências de dados de simulação em , a fiabilidade e a praticabilidade do software do sistema são confirmadas.

Capítulo 6 Seleção dos parâmetros sensíveis do sistema servo de radar e aquisição de dados

A função do sistema servo de radar é seguir as necessidades específicas da deteção de radar e acionar a plataforma giratória da antena de radar para realizar funções como o varrimento circular, o varrimento em leque e o seguimento de alvos. O sistema de diagnóstico e previsão de falhas do sistema servo de radar tradicional recolhe dados através de sensores dispostos no sistema servo de radar e processa-os uniformemente para obter resultados de processamento relevantes. Embora este método tenha uma certa amplitude de teste, continua a ter problemas como o objetivo de teste único e a utilização insuficiente de dados. Este capítulo determinará os parâmetros sensíveis do servo-sistema de radar com base na análise do princípio de funcionamento, da função e das caraterísticas do servo-sistema de radar, em combinação com a FTA (análise da árvore de falhas) e a FMECA (análise do modo de falha, dos efeitos e dos perigos). Finalmente, o sistema de aquisição de dados é discutido com base nos parâmetros sensíveis.

6.1 Conhecimentos básicos do servo-sistema de radar

6.1.1 Princípio de funcionamento do servo-sistema de radar

O sistema servo é uma das formas mais importantes e amplamente utilizadas de sistemas de controlo. A sua principal tarefa é manter a velocidade do motor dentro de um determinado intervalo através do seu controlo, ajustar automaticamente e produzir um binário razoável quando a carga do motor muda, e definir um programa para alterar a velocidade do motor conforme necessário.

Como componente importante do radar de seguimento, o sistema servo do radar forma um controlo de feedback comparando o desvio entre o ângulo atual e o ângulo do alvo, ajudando o radar a procurar e a seguir automaticamente o alvo. O trabalho do sistema de servo controlo gira principalmente em torno da rotação do motor e do seu algoritmo de controlo. Quando o motor roda, transmite a posição atual ao módulo de controlo do sistema através do canal de feedback. Neste momento, o módulo de controlo envia o sinal de controlo para o módulo de acionamento do motor com base no feedback da posição do motor após o cálculo pelo algoritmo, formando assim um circuito fechado de controlo. Finalmente, o módulo de acionamento controla a rotação do motor para obter o efeito de controlo desejado. O diagrama esquemático do sistema servo é apresentado a seguir.

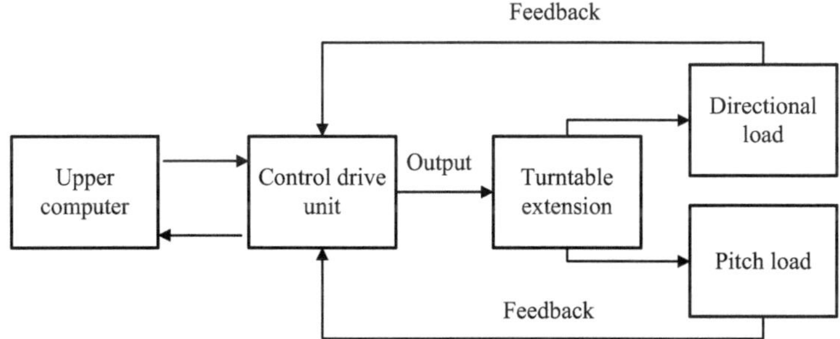

Fig.6.1 Diagrama esquemático do sistema servo

6.1.2 Módulos principais do servo-sistema de radar

Do ponto de vista funcional, o sistema servo do radar estudado neste trabalho divide-se principalmente num módulo de controlo servo, num módulo de codificação servo, num módulo de comutação, num módulo de alimentação padrão, num condutor e num motor. As funções de cada módulo são descritas a seguir:

(1) O módulo de controlo do servo é o módulo principal do sistema servo do radar. É utilizado para o controlo do servo e é composto principalmente por um circuito FPGA, um circuito ARM, um circuito DSP, um circuito de descodificação, um circuito de comunicação CAN e um circuito de alimentação eléctrica.

(2) O módulo de codificação servo é utilizado para a deteção da posição angular e é composto principalmente por um circuito FPGA, um circuito ARM, um circuito de descodificação, um circuito de comunicação CAN e

um circuito de alimentação eléctrica.

(3) O módulo de servocomutação é utilizado para a troca de dados entre módulos e é composto principalmente por um circuito FPGA, um circuito ARM, um circuito de comunicação por fibra ótica, um circuito de comunicação CAN, um circuito de alimentação eléctrica e um circuito de comunicação em rede.

(4) O módulo de alimentação padrão fornece energia de baixa tensão para cada módulo e é dividido num módulo de alimentação de baixa tensão e num módulo de alimentação de excitação.

(5) O controlador é utilizado para controlar o funcionamento do motor. Ele amplifica e processa a quantidade de controlo gerada pelo módulo de controlo para alcançar a função de controlo correspondente.

(6) O motor é utilizado para acionar o prato giratório da antena.

6.2 Seleção e definição dos pontos de medição

Para efetuar o diagnóstico e a previsão de falhas do servo sistema de radar, é necessário recolher informações relevantes sobre o estado do servo sistema. Por outras palavras, a recolha de dados do servo sistema de radar é a premissa para realizar o diagnóstico e a previsão de falhas do servo sistema de radar. A qualidade dos dados recolhidos é também da maior importância. Os dados recolhidos por diferentes pontos de recolha (também designados por pontos de medição) têm efeitos diferentes na precisão do diagnóstico e da previsão de avarias. Por conseguinte, a seleção dos pontos de medição é muito importante.

6.2.1 Tipos de pontos de medição

Os pontos de medição podem ser divididos em pontos de medição passivos, pontos de medição activos e pontos de medição activos e passivos. De seguida, apresentam-se os três tipos de pontos de medição:

(1) Pontos de medição passivos

Se o estado instantâneo do circuito puder ser medido num determinado nó, então o nó é um ponto de medição passivo. Os nós passivos são normalmente utilizados para detetar as condições internas do circuito. Os pontos de medição passivos mais comuns incluem os nós de entrada e saída de ventilador.

(2) Ponto de medição ativo

Se a aplicação de um sinal de excitação num nó puder controlar e influenciar o circuito, então o nó é um ponto de medição ativo.

(3) Pontos de medição activos e passivos

Se ambas as influências existirem em alguns nós do circuito durante o ensaio, então o nó é um ponto de medição ativo e passivo.

6.2.2 Caraterísticas dos pontos de medição

(1) A seleção correta do ponto de medição deve ser avaliada de acordo com o nível de reparação atual. Ao selecionar o ponto de medição, o ponto de medição selecionado deve corresponder ao nível de manutenção do equipamento. Diferentes níveis de manutenção correspondem a diferentes pontos de medição. Por exemplo, ao efetuar o diagnóstico de avarias ao nível do componente no circuito, o ponto de medição selecionado é diferente do ponto de medição selecionado ao efetuar o diagnóstico de avarias ao nível do módulo no circuito.

(2) A compatibilidade dos pontos de medição deve ser boa.

(3) O ponto de medição deve garantir que o sinal de deteção seja enviado para o exterior sem distorção.

6.2.3 Seleção dos pontos de medição

O local onde os dados são recolhidos é designado por ponto de medição, que desempenha um papel decisivo na qualidade dos dados recolhidos. A qualidade dos dados determina a precisão do diagnóstico e da previsão de falhas. Por conseguinte, é necessário selecionar pontos de medição razoáveis. Se os pontos de medição selecionados não forem razoáveis, a precisão do diagnóstico e da previsão de avarias será muito reduzida. Ao selecionar os pontos de medição, é necessário analisar primeiro o circuito em pormenor, dividir a importância e a vulnerabilidade do circuito e ter uma compreensão suficiente da estrutura do circuito. Finalmente, nesta base, os pontos de medição podem ser determinados. Ao mesmo tempo, ao selecionar os pontos de medição, também é necessário ter em conta as questões de segurança e compatibilidade electromagnética.

Tomando o Quadro 6.1 como exemplo, são apresentados de seguida alguns tipos de circuitos e os respectivos pontos de medição. Estes pontos de medição são utilizados principalmente para a inicialização do circuito e para a observação e controlo do circuito.

Tabela 6.1 Tipos de circuitos importantes e seleção de pontos de medição

Circuito	Ponto de medição		
	inicialização	Ponto de medição ativo	Pontos de medição passivos
Estrutura do autocarro	desnecessário	Todos podem aceder	Todos podem aceder
acionador	desnecessário	Entrada de dados determináveis	No conjunto de nós de saída
Trinco	Configurável	Definido na entrada	Definido na entrada e na saída
Circuitos lógicos combinatórios	Não autorizado	Definição do terminal de entrada	Definido em todos os nós
Circuito de realimentação	desnecessário	Os sinais podem ser reintroduzidos no circuito a partir do exterior	Definido em todos os nós
Circuito analógico	impossível	Definido no ponto de entrada	Definições do terminal de saída
fonte de alimentação	impossível	Não é necessário	Definido na saída

Conversor Digital/Analógico (DAC)	Terminal de reinicialização	Definido na entrada	Definir a entrada analógica e a entrada de referência
Circuito de conversão analógico/digital	Terminal de reinicialização	Definido na entrada	Definir as entradas digitais e de referência

6.3 Seleção dos parâmetros sensíveis do servo-sistema de radar com base na árvore de falhas e na FMECA

6.3.1 Construção da árvore de falhas do sistema servo do radar

A análise da árvore de falhas é um método de análise básico frequentemente utilizado na análise da fiabilidade dos equipamentos, na análise da capacidade de ensaio, na análise da capacidade de manutenção, na análise da segurança e na análise da segurança.

(1) Conceitos de base

A análise da árvore de falhas (FTA) é um método de análise que começa por analisar as várias causas das falhas do equipamento e, em seguida, efectua uma análise descendente para determinar as falhas específicas do equipamento. O seu processo de análise é o seguinte: primeiro, determina-se o evento de topo da árvore de falhas, depois analisa-se a relação causal entre a falha e outras falhas para construir um diagrama em árvore de subeventos e, em seguida, continua-se a analisar a possibilidade de os subeventos seguintes causarem a falha.

(2) Objetivo do ACL

A FTA calcula principalmente a probabilidade de ocorrência da falha e pode também conhecer as várias causas e as suas combinações da falha a partir da árvore de falhas, para que os problemas possam ser descobertos a tempo e possam ser tomadas medidas razoáveis a tempo.

(3) Construção da árvore de falhas do sistema servo do radar

O método de análise da árvore de falhas pode ser utilizado para determinar a causa e o modo de falha da falha. Quando ocorre uma falha grave no equipamento, o método de análise da árvore de falhas pode ser utilizado para efetuar uma análise sistemática e abrangente da causa da falha. A seguir, toma-se como exemplo o módulo de servo controlo do sistema servo do radar e a sua árvore de falhas é apresentada na figura:

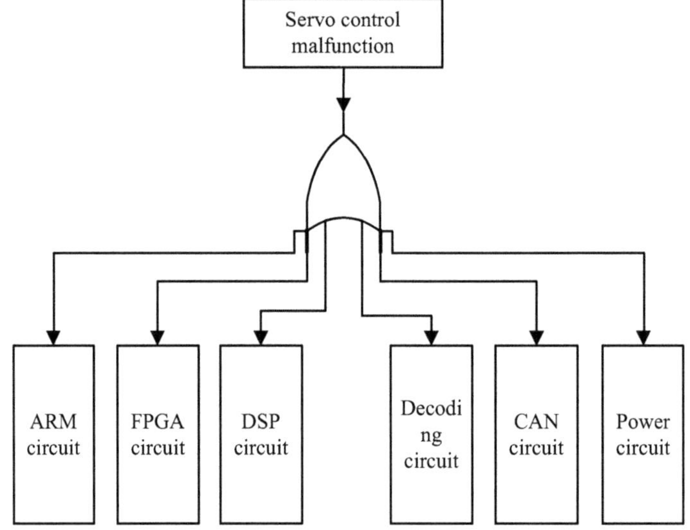

Fig.6.2 Diagrama de árvore de falhas do módulo de controlo do sistema servo do radar

Como se mostra na Figura 6.2, o módulo de servo controlo do radar está dividido em circuito ARM, circuito FPGA, circuito DSP, circuito de descodificação, circuito de comunicação CAN e circuito de alimentação. A análise de avarias utiliza a lógica de cima para baixo para efetuar a análise de raciocínio. Quando se verifica que o módulo de servo controlo tem uma falha, os circuitos que o compõem são analisados para detetar falhas.

6.3.2 FMECA do sistema servo do radar

6.3.2.1 Conceitos de base

Os modos de falha referem-se normalmente às manifestações externas e aos fenómenos específicos causados pela falha do equipamento. Os modos de falha mais comuns incluem a rutura do equipamento, a explosão, a fuga e a falha de luz.

Quando um dispositivo falha, normalmente acarreta certos impactos. Os impactos mais comuns incluem o facto de o dispositivo não funcionar corretamente e a degradação do desempenho do dispositivo.

O impacto de uma falha é geralmente dividido em três níveis. O primeiro é o impacto local que afecta apenas o equipamento no nível de análise atual; o segundo é o impacto no nível superior que afecta o nível de análise atual e o equipamento no nível superior seguinte; o terceiro é o impacto global que afecta todo o equipamento. Por exemplo, o chip DSP no módulo de controlo de um sistema servo de radar está danificado e o modo de falha é que o chip DSP se queima. O impacto local é que o circuito de controlo não pode funcionar, e o impacto de nível superior é que o sistema de controlo do servo não pode controlar o prato giratório e não pode funcionar normalmente. O impacto final é o facto de o radar não poder funcionar normalmente.

As categorias de gravidade das falhas são geralmente divididas em quatro níveis. A categoria I é uma falha catastrófica, que pode causar a morte ou danos no sistema; a categoria II é uma falha fatal, que pode causar a falha de uma determinada tarefa do sistema ou ferimentos graves no pessoal, ou perdas económicas significativas; a categoria III é uma falha crítica, que pode causar atrasos ou degradação da tarefa do sistema, danos ligeiros no sistema ou ferimentos ligeiros no pessoal, ou certas perdas económicas; a categoria IV é uma falha menor, que pode levar a manutenção ou reparações não planeadas, mas não o suficiente para causar ferimentos pessoais.

Tabela de Análise de Modo de Falha, Efeito e Criticidade. Quando se efectua uma análise FMECA a um equipamento, este é geralmente analisado de acordo com a Tabela 6.2.

Quadro 6.2 Quadro de análise do modo de falha e do impacto

nome	Função	Modo de falha	Causa	Fases da tarefa e métodos de trabalho	Impacto da falha	Nível de gravidade	Métodos de deteção de falhas

6.3.2.2 Objetivo e conteúdo de trabalho da FMECA

A FMECA determina principalmente todos os modos de falha possíveis do equipamento e o impacto de cada falha com base na análise de cada ligação, nível e componente da conceção e produção do equipamento, e fornece uma base para a seleção de melhorias e soluções para a conceção do software e do hardware do equipamento.

6.3.2.3 Etapas básicas da FMECA

A execução da FMECA no equipamento é geralmente a seguinte:

(1) Recolher e organizar as informações pertinentes sobre o equipamento.

(2) Desenhar um diagrama de blocos funcional com base nas informações recolhidas.

(3) Desenhar um diagrama de blocos de fiabilidade com base nas condições de funcionamento e no ambiente.

(4) Determinar o nível de análise de cada falha com base nas condições reais.

(5) Determinar a gravidade de cada falha e a forma de a detetar.

(6) Analisar as possíveis causas da falha e apresentar soluções em conformidade.

(7) Com base nas informações acima, desenhar a tabela FMECA do equipamento.

O processo de elaboração do relatório FMECA do sistema servo do radar é o seguinte:

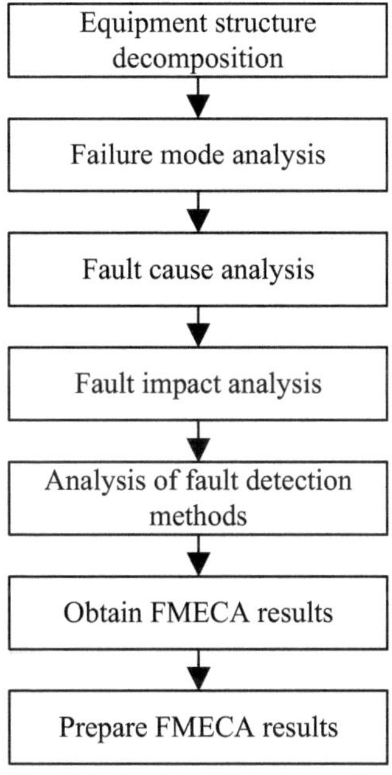

Fig.6.3 Construção do fluxograma do relatório FMECA do sistema servo do radar

A parte FMECA do relatório do sistema servo do radar é a seguinte

Quadro 6.3 Relatório FMECA do sistema servo

Módul os nome	Função	Falha modelo	Falha razão	Como funci ona a fase de missã o	Falha Influê ncia	Categ oria de gravid ade	Método os de deteçã o de falhas
Módul o de control o do	Control o servo	Falha do chip Falha de	Danos nos disposi tivos	Fase norm al de funci	O radar não está a	III	Indicaç ão de falha do

servo		energia		onam ento do radar	funcio nar correta mente		módul o
Módul o servo-codific ador	Deteçã o da posição angular	Falha do chip Falha de energia	Danos nos disposi tivos	Fase norm al de funci onam ento do radar	O radar não está a funcio nar correta mente	III	Indicaç ão de falha do módul o
Módul o de comuta ção	Interaç ão de dados entre módulo s	Falha do chip Falha de energia	Danos nos disposi tivos	Fase norm al de funci onam ento do radar	O radar não está a funcio nar correta mente	III	Indicaç ão de falha do módul o
Módul os de potênci a padrão	Fornec er baixa tensão para cada fonte de aliment ação do módulo	Falha do chip Falha de energia	Danos nos disposi tivos	Fase norm al de funci onam ento do radar	O radar não está a funcio nar correta mente	III	Indicaç ão de falha do módul o

Condução	Controlo Funcionamento do motor	Condução Falha	Danos nas peças adquiridas	Fase normal de funcionamento do radar	O radar não está a funcionar corretamente	III	Indicação de falha do módulo
Motor	Acionar o prato giratório da antena para funcionar	Falha do resolvedor Defeito de sobreaquecimento	Danos nas peças adquiridas	Fase normal de funcionamento do radar	O radar não está a funcionar corretamente	III	Indicação de falha do módulo

6.3.3 Exemplo de seleção de parâmetros sensíveis do sistema servo do radar com base na FTA e na FMECA

O servo sistema de radar tem uma estrutura complexa e não é realista estabelecer pontos de medição em todos os seus circuitos. Só podemos descobrir as falhas mais graves com base na análise das caraterísticas das falhas e dos riscos de cada módulo do servo-sistema de radar e, em seguida, estabelecer pontos de medição.

A seleção dos parâmetros sensíveis é explicada especificamente a seguir, utilizando um sistema de servo controlo.

A partir de 6.3.1, podemos saber que o sistema de servo controlo do radar inclui principalmente o circuito FPGA, o circuito ARM, o circuito DSP, o circuito de descodificação, o circuito de comunicação CAN e o circuito de alimentação. Partindo do princípio de que o sistema de servocontrolo falha neste momento, o circuito FPGA, o circuito ARM, o circuito DSP, o circuito de descodificação, o circuito de comunicação CAN e o circuito da fonte de alimentação podem ser a causa da falha do sistema de servocontrolo, ou seja, como o evento inferior do sistema de servocontrolo. Mas, na realidade, é relativamente fácil medir se o circuito da fonte de alimentação está avariado. Só precisa de recolher dados no seu ponto de saída e analisar e comparar para determinar se ocorreu uma falha. Ao analisar que componente específico do circuito está danificado, também é necessário analisar a função de cada componente de acordo com o método acima e definir pontos de medição para componentes que são fáceis de danificar, têm um grande impacto e causam grandes danos.

Tomando o circuito DSP como exemplo, este inclui principalmente o circuito principal do DSP, o circuito de reinicialização, o circuito do oscilador de cristal, o circuito da fonte de alimentação e o circuito de interface JTAG. Se o circuito DSP falhar, os circuitos acima podem falhar, mas, na prática, o circuito de reinicialização, o circuito oscilador de cristal e o circuito de interface JTAG geralmente não falham e não há necessidade de definir pontos de medição. Por conseguinte, o circuito principal do DSP e o circuito da fonte de alimentação são finalmente utilizados como objectos para definir pontos de medição. Ao mesmo tempo, uma vez que a falha do componente original é geralmente acompanhada por um aumento da temperatura, o ponto de saída do circuito da fonte de alimentação pode ser utilizado como ponto de medição, e a tensão neste ponto é utilizada como um dos parâmetros sensíveis do circuito DSP, e a temperatura do chip DSP do circuito principal DSP é utilizada como um dos parâmetros sensíveis.

6.4 Aquisição de dados do sistema servo de radar

Esta secção seleciona o equipamento de hardware adequado para recolher sinais sensíveis com base nas caraterísticas do sinal dos parâmetros sensíveis do sistema servo do radar. Neste caso, optámos por utilizar a linguagem de programação de instrumentos virtuais LABVIEW combinada com a placa de aquisição de dados da NI para a aquisição de dados.

O sistema de diagnóstico e previsão de falhas do servo sistema de radar utiliza sensores, condicionadores e placas de aquisição de dados como plataforma de hardware e o software Labview como ferramenta de desenvolvimento para realizar a aquisição em tempo real, deteção, armazenamento de dados, análise, alarme e outras funções de vários parâmetros sensíveis.

(1) Implementação do hardware do sistema

Ao selecionar o sistema de aquisição de hardware de parâmetros sensíveis do servo sistema de radar, é necessário ter em consideração o ambiente real e a estrutura tem de garantir que não afecta o funcionamento normal do servo sistema. Por conseguinte, foi finalmente selecionado um sistema de aquisição de dados baseado no barramento PCI. O diagrama da estrutura do sistema é apresentado na Figura 6.4.

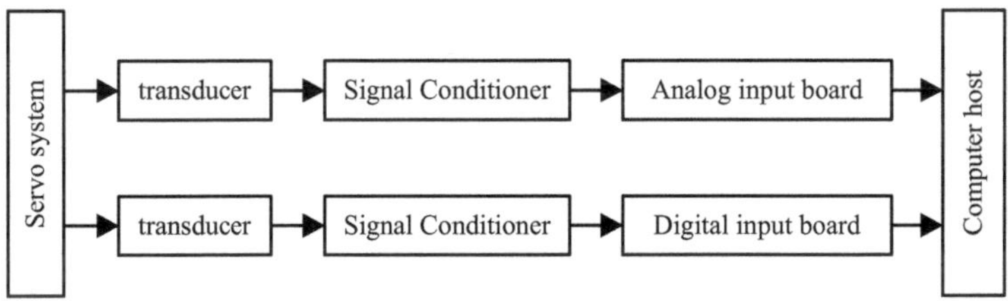

Fig.6.4 Diagrama de blocos do sistema de aquisição baseado na placa de aquisição de dados

O grupo de hardware do sistema de aquisição de dados do sistema servo radar inclui um grupo de sensores, um condicionador de sinal, uma placa de entrada e um computador. O sistema recolhe principalmente quatro tipos de sinais, sinais analógicos, nomeadamente sinais de tensão, corrente, vibração e temperatura, e sinais digitais, nomeadamente o estado do interrutor de limite. Quando cada sinal é recolhido, o sensor transmite primeiro o sinal para o condicionador de sinal para processamento e, em seguida, transmite o sinal processado para o computador anfitrião através da placa de aquisição de dados para visualização em tempo real e, ao mesmo tempo, armazena os dados na base de dados. A seguir, apresenta-se principalmente o sensor, o condicionador de sinal e o cartão de aquisição de dados.

(2) Sensor

Os parâmetros sensíveis do sistema servo do radar são principalmente o sinal de tensão, o sinal de corrente, o sinal de vibração e o sinal de temperatura. Os sensores selecionados são o transformador de tensão CA, o sensor de corrente através de orifício, o sensor de aceleração e o sensor de temperatura de termistor semicondutor.

(3) Condicionador de sinal

O condicionador de sinal processa o sinal transmitido pelo sensor e converte o sinal original num sinal elétrico fácil de transmitir. Os métodos de processamento comuns incluem amplificação, filtragem, linearização e conversão digital-analógica.

(4) Placa de aquisição de dados

Existem muitos tipos de cartões de aquisição de dados baseados no barramento PCI, e também há muitas maneiras de classificá-los. De acordo com o tipo de sinal processado, eles podem ser divididos em cartões de entrada de comutação, cartões de saída analógica, cartões multifuncionais, etc.

Os tipos e utilizações das placas de aquisição de dados comuns são apresentados na Tabela 6.4. Com base nas caraterísticas dos parâmetros sensíveis do sistema servo do radar, é necessário selecionar um cartão de entrada analógica e um cartão de entrada digital ou um cartão de aquisição de dados multifunções. Neste caso, é selecionada a placa PCI-6023E, que é uma placa de aquisição de dados muito económica. Pode ser ligado ao barramento PCI do PC e pode completar múltiplas funções, tais como entrada analógica (A/D), E/S digital e E/S de contagem, tornando-o muito adequado para a construção de um sistema de instrumento virtual.

Tabela 6.4 Veja os tipos e utilizações de placas de aquisição de dados comuns

Fontes e utilizações da informação sobre	Tipo de informação	Produtos de placa de interface

entradas/saídas		correspondentes
Sinais eléctricos analógicos do estado de funcionamento do equipamento de campo, tais como temperatura, pressão, deslocamento e fluxo	Entrada analógica	Placa de entrada analógica
Estado do interrutor de fim de curso, número de saída do dispositivo digital, estado da alimentação do contacto	Entrada digital	Placa de entrada digital
Execução, manutenção de registos, etc., pelo órgão executivo (corrente analógica, tensão)	Saída analógica	Placa de saída analógica
Execução do acionamento do atuador, visualização de alarmes, etc.	Saída digital	Placa de saída digital

Os terminais de cablagem usados para aquisição de dados com a placa de aquisição de dados PC-6023E são do tipo CB-68LP, como mostrado nas Figuras 6.5 e 6.6 respetivamente.

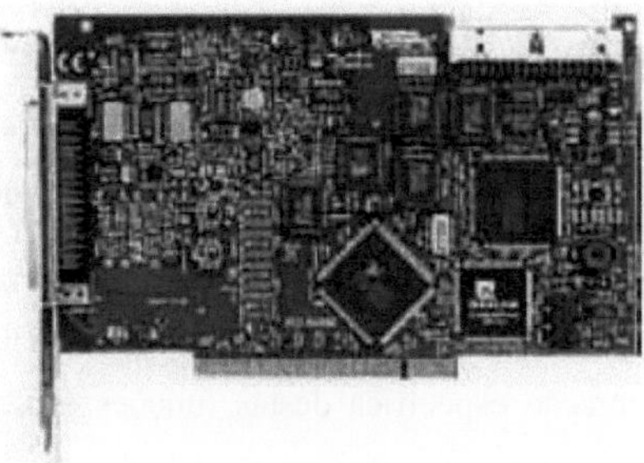

Fig.6.5 Placa de aquisição de dados PCI-6023E

Fig.6.6 Placa de bornes CB-68LP

O diagrama de blocos de aquisição de dados baseado na placa PCI-6023E é mostrado na Figura 6.7.

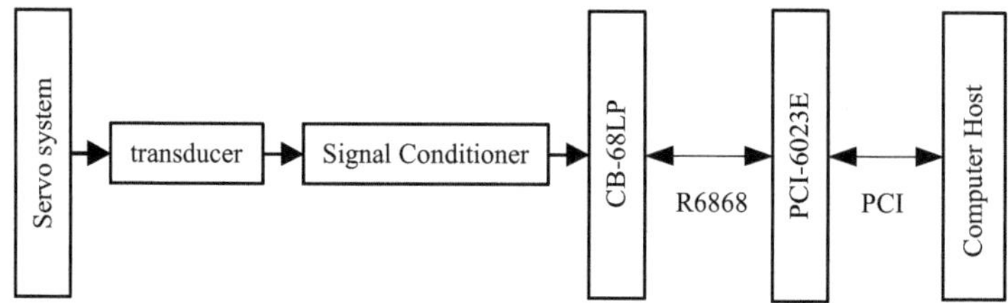

Fig.6.7 Diagrama de blocos da aquisição de dados baseada na placa PCI-6023E

(5) Composição do sistema de aquisição Labview

O sistema de aquisição inclui principalmente a função de aquisição de dados, a função de armazenamento de dados e a função de visualização de dados em tempo real. A função de aquisição de dados consiste em ler o sinal para o computador através do sensor; a função de armazenamento de dados consiste em guardar o sinal lido localmente ou na base de dados para processamento futuro; a função de visualização de dados em tempo real consiste em apresentar o sinal lido em tempo real na interface homem-máquina, para que o utilizador possa saber sempre o estado da recolha de dados. A implementação específica destas funções é efectuada através da programação Labview. Se as funções de diagnóstico e previsão de falhas do sistema servo tiverem de ser realizadas, as funções de diagnóstico e previsão de falhas também podem ser realizadas através da programação.

6.5 Resumo

A seleção de parâmetros sensíveis desempenha um papel vital na precisão do diagnóstico e da previsão de falhas do servo sistema de radar. Este capítulo começa por introduzir os conhecimentos básicos do servo-sistema de radar. Com base no estudo do princípio de funcionamento, das funções e das caraterísticas do servo-sistema de radar e da definição, importância e regras de seleção dos pontos de medição, a FTA e a FM ECA são combinadas para determinar a seleção dos parâmetros sensíveis do servo-sistema de radar. O sistema de controlo do servo radar é tomado como exemplo para análise e explicação. Por fim, é discutido o sistema de aquisição de dados do servo-sistema de radar.

Capítulo 7 Investigação sobre o método de diagnóstico de avarias do sistema servo de radar

A composição global do servo-sistema de radar é complexa. De um modo geral, o diagnóstico de falhas e a manutenção são efectuados a diferentes níveis, de acordo com o nível estrutural do servo sistema, e são utilizados diferentes métodos de diagnóstico para cada nível. Este capítulo estuda principalmente os métodos de diagnóstico de avarias dos três níveis do servo sistema de radar.

7.1 Transformada Wavelet Empírica Melhorada

Para melhorar a precisão dos métodos de diagnóstico e previsão de avarias no texto que se segue, é proposta uma transformada de wavelet empírica melhorada para a redução de ruído do sinal.

7.1.1 Transformada de Wavelet Empírica

A Transformada Empírica de Wavelet (EWT) divide efetivamente o espetro de Fourier do sinal e estabelece um conjunto de filtros de wavelet apropriados. Em primeiro lugar, a gama de frequências do espetro de Fourier do sinal normalizado é especificada como $[0,\pi]$. Onde 0 e π são a primeira e a última linhas de fronteira, respetivamente, e cada intervalo segmentado é representado por , $\Lambda_n = [\omega_{n-1}, \omega_n]$ $n = 1, 2, \cdots, N(\omega_0 = 0, \omega_N = \pi)$. Em torno de cada ω_n é definido um segmento de transição T_n (a largura é $2\tau_n$), e $\tau_n = \gamma\omega_n$ e γ são coeficientes. A divisão específica é mostrada na Figura 7.1.

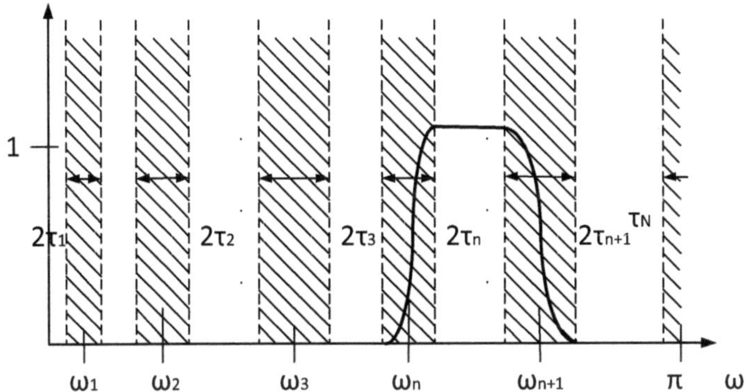

Fig.7.1 Diagrama esquemático da divisão do espetro da transformada wavelet empírica

Depois de determinar o intervalo de segmentação Λ_n , adicionar uma janela wavelet a Λ_n , e definir a função de escala empírica e a função wavelet empírica de acordo com o método de construção da wavelet de Moyer, como a fórmula (7.1) e a fórmula 7-2, respetivamente:

$$\hat{\phi}_n(\omega)=\begin{cases}1 & |\omega|\le\omega_n-\tau_n\\ \cos\left[\dfrac{\pi}{2}\beta\left(\dfrac{1}{2\tau_n}\left(|\omega|-\omega_n+\tau_n\right)\right)\right] & \omega_n-\tau_n\le|\omega|\le\omega_n+\tau_n\\ 0 & \text{other}\end{cases} \tag{7.1}$$

$$\hat{\psi}_n(\omega)=\begin{cases}1 & \omega_n+\tau_n\le|\omega|\le\omega_{n+1}-\tau_{n+1}\\ \cos\left[\dfrac{\pi}{2}\beta\left(\dfrac{1}{2\tau_{n+1}}\left(|\omega|-\omega_{n+1}+\tau_{n+1}\right)\right)\right] & \omega_{n+1}-\tau_{n+1}\le|\omega|\le\omega_{n+1}+\tau_{n+1}\\ \sin\left[\dfrac{\pi}{2}\beta\left(\dfrac{1}{2\tau_n}\left(|\omega|-\omega_n+\tau_n\right)\right)\right] & \omega_n-\tau_n\le|\omega|\le\omega_n+\tau_n\\ 0 & \text{other}\end{cases} \tag{7.2}$$

Nele: $\tau_n=\gamma\omega_n,\ 0<\gamma<\min_n\left[\dfrac{(\omega_{n+1}-\omega_n)}{(\omega_{n+1}+\omega_n)}\right]$

A função $\beta(x)$ é uma função $C^k([0,1])$ arbitrária, e a função mais utilizada na literatura é $\beta(x)=x^4(35-84x+70x^2-20x^3)$. De acordo com o método de construção da transformada de ondaleta clássica, a transformada de ondaleta empírica é construída e os coeficientes de pormenor e os coeficientes aproximados são obtidos como se mostra na fórmula 7.3 e na fórmula 7.4, respetivamente.

$$w_f^{\varepsilon}(n,t)=\langle f,\psi_n\rangle=\int f(\tau)\overline{\psi}(\tau-t)d_{\tau} \qquad (7.3)$$

$$w_f^{\varepsilon}(0,t)=\langle f,\phi_1\rangle=\int f(\tau)\overline{\phi}_1(\tau-t)d_{\tau} \qquad (7.4)$$

Os resultados da reconstrução do sinal são apresentados de seguida.

$$f(t)=w_f^{\varepsilon}(0,t)*\phi_1(t)+\sum_{n=1}^{N}w_f^{\varepsilon}(n,t)*\psi_n(t) \qquad (7.5)$$

A partir da fórmula acima, podemos saber que a função de modo empírico f_k pode ser expressa da seguinte forma:

$$f_0(t)=w_f^{\varepsilon}(0,t)*\phi_1(t) \qquad (7.6)$$

$$f_k(t)=w_f^{\varepsilon}(k,t)*\psi_k(t) \qquad (7.7)$$

Da análise acima, podemos ver que a EWT pode extrair a componente AM-FM de sinais não lineares e não estacionários. No entanto, ainda tem as seguintes limitações:

(1) Ao efetuar a EWT, é necessário definir previamente o número de modos de decomposição. Uma definição incorrecta do número de modos afectará diretamente o efeito de extração.

(2) Ao dividir o espetro, verifica-se um fenómeno de sobredecomposição.

7.1.2 Denotização por transformada de wavelet empírica melhorada

A fim de resolver os problemas acima referidos, é proposta uma transformada wavelet empírica melhorada. Este método começa por utilizar a redução de ruído de wavelets para pré-processar o sinal. Em seguida, obtém-se a transformada rápida de Fourier do sinal sem ruído e calcula-se a sua envolvente utilizando a interpolação spline cúbica. É definido um limiar adequado para eliminar valores inúteis. O espetro do envelope é observado para determinar se a análise do envelope é necessária. Se for viável, o número de decomposições e os limites de frequência da EWT são determinados com base no diagrama de envelope.

As etapas para melhorar o EWT são as seguintes:

(1) Em primeiro lugar, o sinal é pré-processado por denoising wavelet.

(2) Efetuar a transformação FFT no sinal pré-processado.

(3) Gerar a curva do envelope utilizando a interpolação spline cúbica.

(4) Definir um limiar adequado, remover os valores de interferência e gerar um novo gráfico do espetro.

(5) Observar o novo gráfico do espetro gerado. Se as bandas de frequência puderem ser bem divididas, avance para o passo 6. Caso contrário, continue a envolver a área com um efeito de envelope fraco para obter o efeito esperado.

(6) Detetar todos os valores extremos no envelope. O ponto máximo é utilizado para definir a frequência central do modo, e o ponto mínimo é utilizado para dividir o espetro e efetuar a transformação E WT com base no espetro dividido.

(7) O coeficiente de correlação é obtido através da análise de correlação de cada modo e do sinal pré-processado, e o valor da curtose e o valor da energia de cada modo são obtidos ao mesmo tempo, e o modo intrínseco do sinal é selecionado através da combinação dos três. Finalmente, o sinal é reconstruído de acordo com o modo intrínseco selecionado.

7.1.3 Verificação experimental da eliminação de ruído da transformada wavelet empírica melhorada

Para verificar a eficácia da transformada de wavelet empírica melhorada proposta, os primeiros 1200 dados de dados DE no ficheiro 105.mat na pasta 12k Driver End Bearing Fault Data da base de dados de chumaceiras da Western Reserve University são processados para ilustração.

De acordo com os passos de redução de ruído da transformada wavelet empírica melhorada proposta em 7.1.2, o sinal é primeiro sujeito a um pré-processamento de redução de ruído wavelet. Desta vez, a redução do ruído das ondas é efectuada utilizando a redução do limiar minimaxi, a função wavelet selecionada é sym5, e é decomposta na terceira camada. Os diagramas de comparação antes e depois da utilização da redução de ruído de wavelets são apresentados nas Figuras 7.2 e 7.3.

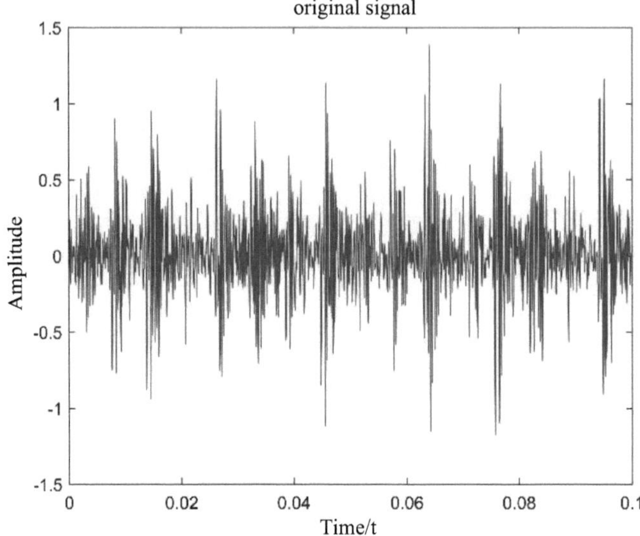

Fig.7.2 Sinal original antes da redução de ruído por wavelets

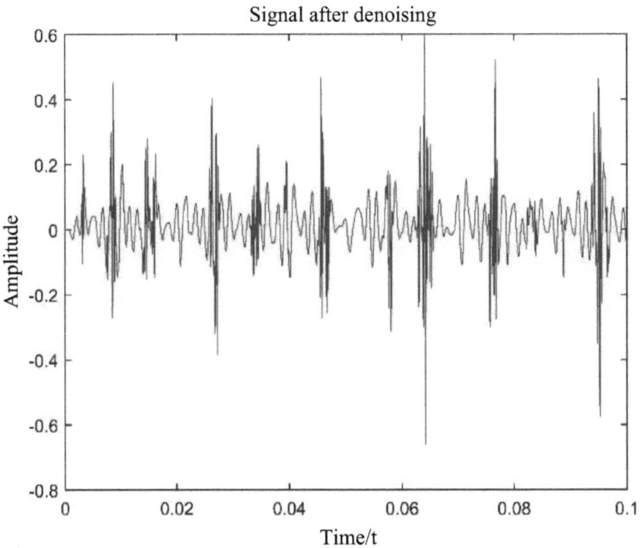

Fig.7.3 Sinal após a redução de ruído das wavelets

O sinal sem ruído é submetido à transformada rápida de Fourier e à interpolação de spline cúbica. Com base no resultado, é selecionado um limiar, que neste caso é 3. Em seguida, é observado o diagrama de envelope e verifica-se que ainda é muito difícil efetuar a divisão do espetro neste momento, pelo que é necessário um segundo envelope de interpolação spline cúbica. Após o segundo envelope de interpolação, verifica-se que o espetro pode ser claramente dividido, pelo que não há necessidade de efetuar o terceiro envelope de interpolação spline. Os diagramas do processo de segmentação do espetro são apresentados nas Figuras 7.4 a 7.7.

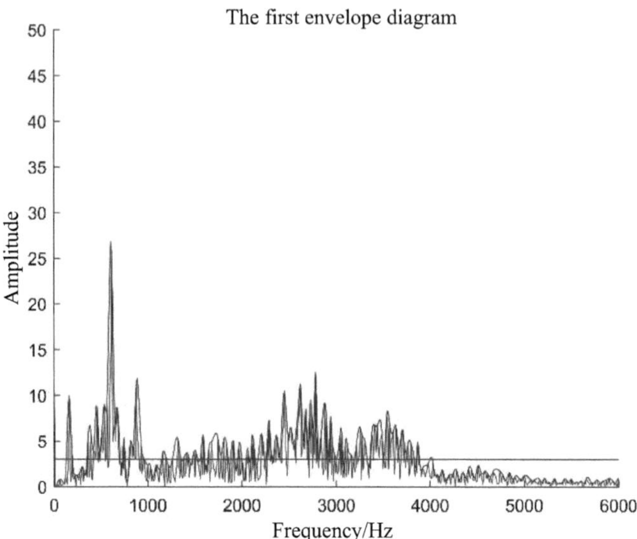

Fig.7.4 Diagrama de envelope da interpolação spline cúbica pela primeira vez

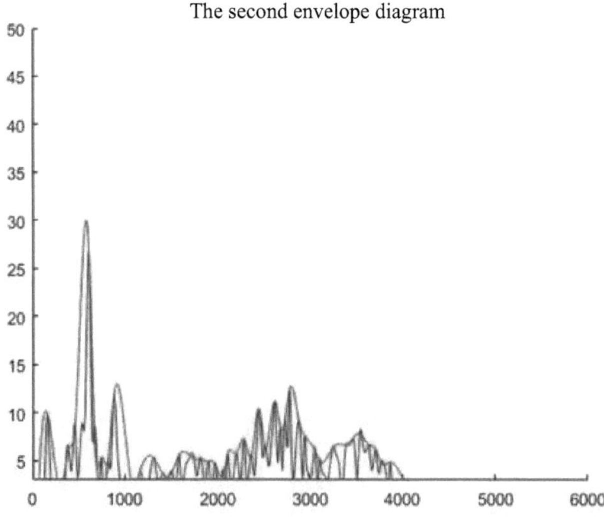

Fig.7.5 Diagrama de envelope da interpolação spline cúbica pela segunda vez

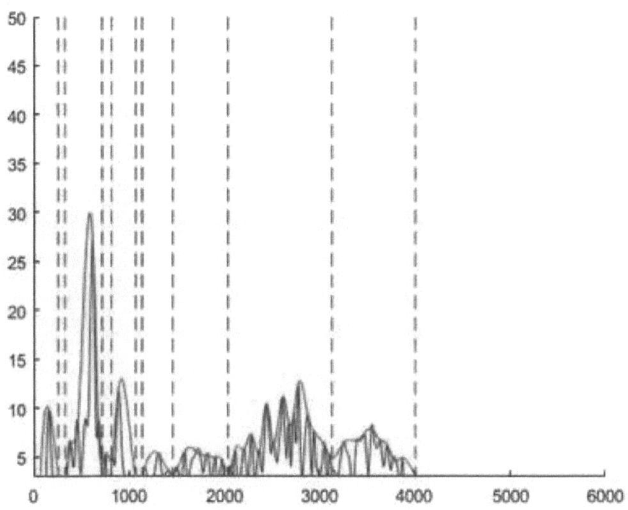

Fig.7.6 Diagrama de partição do espetro

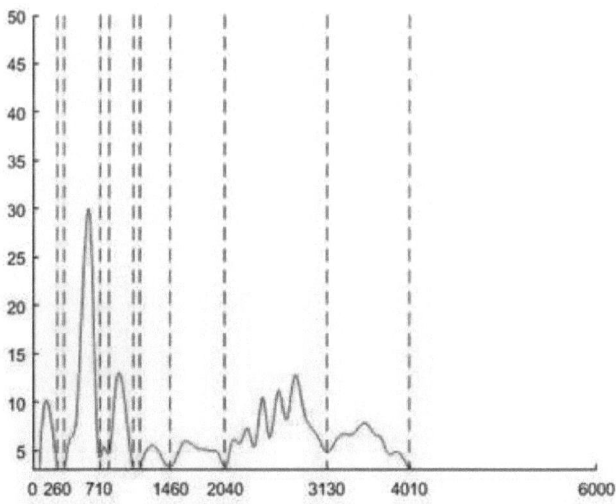

Fig.7.7 Mapa final de segmentação do espetro

A partir da Figura 7.7, podemos ver que o espetro final é dividido em Λ = [0,260,330,710,810,1070,1140,1460,2040,3130,4010,6000]. De acordo com Λ , pode ver-se que, quando a decomposição EWT é finalmente efectuada, a forma de onda original é decomposta em 11 formas de onda. Os limites do ficheiro EWT1D na caixa de ferramentas EWT do MATLAB Λ são definidos de acordo com os resultados da decomposição apresentados nas Figuras 7.8 e 7.9.

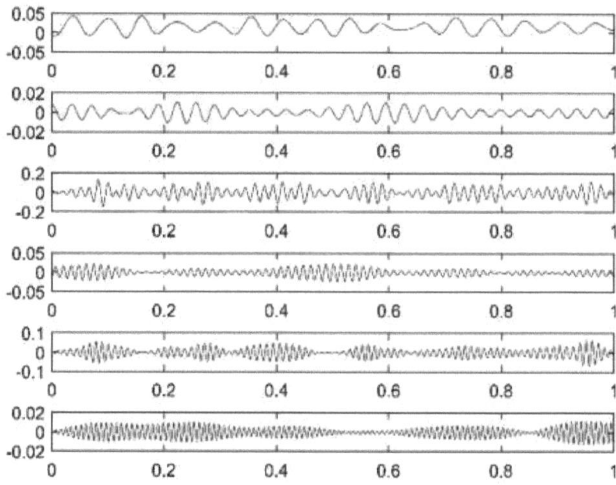

Fig.7.8 As primeiras seis formas de onda da decomposição EWT melhorada

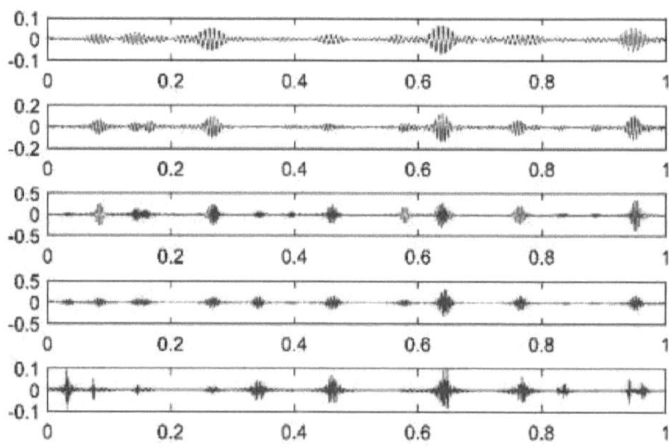

Fig.7.9 As últimas cinco formas de onda da decomposição EWT melhorada

Os coeficientes de correlação de cada modo de decomposição e o sinal original são calculados da seguinte forma (por ordem de EWT1 a EWT11): 0.0676, 0.0477, 0.5277, 0.0959, 0.1442, 0.0228, 0.0546, 0.1097, 0.6839, 0.4851, 0.0890. Calcule o valor da curtose de cada modo da seguinte forma (por ordem de EWT1 a EWT11): 8.9926, 2.5455, 3.0530, 6.2944, 3.4322, 2.6218, 8.4499, 12.5110, 15.9776, 13.4241, 13.1585. A energia de cada modo é calculada da seguinte forma (por ordem de EWT1 a EWT11): 0.7086, 0.0974, 13.2200, 0.3447, 0.9541, 0.0165, 0.1254, 0.5426, 21.7270, 9.9616, 0.3468. O valor de energia do sinal original é 48.0449. Com base nos dados acima, pode ser estabelecida a tabela abaixo.

Quadro 7.1 Cada quadro de informações modais

nome	Coeficiente de correlação	Valor da curtose	energia
EWT1	0.0676	8 .9926	0.7086
E WT2	0.0477	2.5455	0 .0974
E WT3	0.5277	3.0530	1 3.2200
E WT4	0 .0959	6.2944	0.3447
E WT5	0.1442	3.4322	0 .9541
E WT6	0 .0228	2.6218	0 .0165
E WT7	0.0546	8 .4499	0.1254
E WT8	0.1097	1 2.5110	0.5426
E WT9	0 .6839	1 5.9776	2 1.7270
E WT10	0.4851	1 3.4241	9 .9616
E WT11	0.0890	1 3.1585	0.3468

De acordo com a regra do coeficiente da análise de correlação: 0 ~ ±0,3 é uma correlação ligeira; ±0,3 ~ ±0,5 é uma correlação real; ±0,5 ~ ±0,8 é uma correlação significativa; ±0,8 ~ ±1,0 é uma correlação elevada. Regra de seleção da curtose: O valor da curtose de um rolamento normal é geralmente 3; quando o valor da curtose é maior ou igual a 8, ocorre uma falha grave. Regra de seleção de energia: Selecionar o componente com um grande rácio de energia em relação à energia do sinal original. Aqui, seleciona o coeficiente de correlação superior a 0,3, o valor de curtose superior a 8 e o rácio de energia superior a 0,3.

Por conseguinte, a tabela de seleção do modo inerente é obtida como se mostra na Tabela 7.2.

Quadro 7.2 Quadro de seleção do modo natural

nome	Coeficiente de correlação	Valor da curtose	energia
E WT3	0.5277	3.0530	1 3.2200
E WT9	0 .6839	1 5.9776	2 1.7270
E WT10	0.4851	1 3.4241	9 .9616

Tomar EWT3, EWT9 e EWT10 como modos intrínsecos e reconstruí-los. E encontrar o espetro de envelope do sinal reconstruído. O sinal reconstruído e o espetro de envelope do sinal reconstruído são apresentados nas Figuras 7.10 e 7.11.

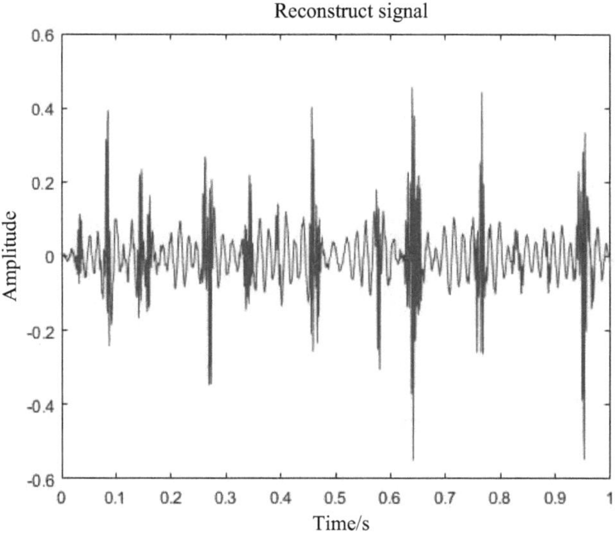

Fig.7.10 Gráfico do sinal reconstruído

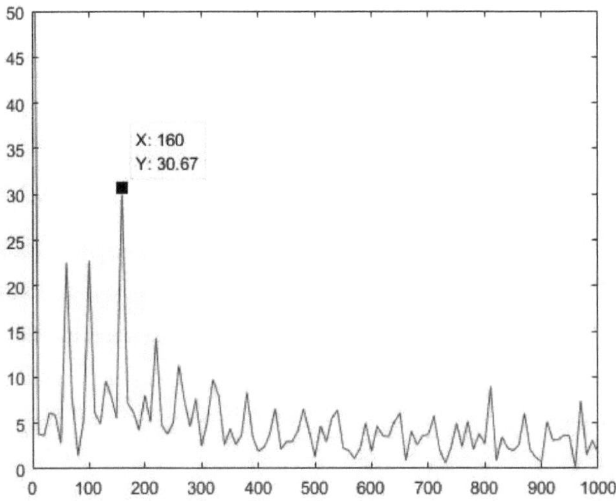

Fig.7.11 Reconstrução do espetrograma da envolvente do sinal

A partir da Figura 7.11, podemos ver que a frequência do defeito é de 160 Hz e a amplitude é de 30,67. De acordo com a fórmula e os parâmetros de funcionamento do motor quando se recolhe o ficheiro 105.mat, a frequência de falha neste defeito pode ser obtida como sendo 162,1852Hz.

As frequências de defeito dos modos naturais selecionados em relação ao EMD e ao EWT tradicional utilizando apenas o método de análise de correlação são apresentadas no Quadro 7.3.

Quadro 7.3 Quadro de comparação das frequências das caraterísticas

Nome do método	EMD	EWT tradicional	Melhorar o EWT
Encontrar a frequência caraterística	164.6	159. 8	160
Amplitude da frequência caraterística	24.63	1 0.5	30.67
Diferença em	2.4148	2. 3 852	2.1852

relação ao valor
calculado

Como se mostra na Tabela 7.3, a frequência caraterística da avaria obtida por este método difere da frequência caraterística da avaria real em apenas 2,1852 Hz, e a amplitude da frequência caraterística é a maior. Por conseguinte, a transformada de wavelet empírica melhorada proposta pode efetivamente suprimir o ruído, e o efeito de redução do ruído é mais óbvio. Além disso, a frequência caraterística da avaria obtida utilizando o espetro do envelope do sinal sem ruído é mais exacta e tem uma amplitude maior. Do ponto de vista da divisão do espetro, o método proposto de transformada de wavelet empírica melhorada pode resolver eficazmente os problemas de dificuldades de divisão do espetro e de sobredecomposição.

7.2 Método de diagnóstico de avarias ao nível do módulo para o servo-sistema de radar

O método de diagnóstico de falhas ao nível do módulo do servo sistema de radar consiste em determinar qual o módulo que tem uma falha através do diagnóstico de falhas, que é o método de diagnóstico de falhas de primeiro nível.

7.2.1 Composição e caraterísticas hierárquicas de um sistema servo radar

7.2.1.1 Composição a nível de módulo do servo-sistema de radar

O nível do módulo é o primeiro nível estrutural do sistema servo do radar, que tem os seguintes módulos:

(1) Módulo de controlo do servo

(2) Módulo do servo-codificador

(3) Módulo de intercâmbio de dados

(4) Módulos de potência padrão

(5) Módulo de acionamento

(6) Motor

O diagrama de blocos da sua composição é apresentado na Figura 7.12:

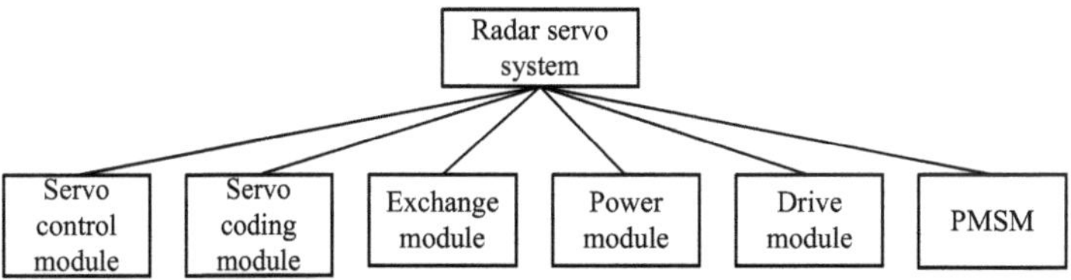

Fig.7.12 Diagrama de blocos do sistema servo do radar ao nível do módulo

7.2.1.2 Caraterísticas hierárquicas do servo-sistema de radar

O módulo de servo controlo de um determinado tipo de servo sistema de radar é composto principalmente por seis circuitos, nomeadamente o circuito FPGA, o circuito ARM, o circuito DSP, o circuito de descodificação, o circuito de comunicação CAN e o circuito de alimentação, que pertencem ao segundo nível, enquanto os vários componentes de cada circuito pertencem ao terceiro nível.

7.2.2 Método de diagnóstico de avarias ao nível do módulo para o servo-sistema de radar

Este tipo de servo-sistema está a ser utilizado há muitos anos e tem uma estrutura complexa. É difícil utilizar um método de diagnóstico de avarias baseado em modelos, pelo que é adequado para um método de diagnóstico de avarias baseado num sistema especializado. No entanto, tem uma estrutura hierárquica, o que facilita a utilização de um método de diagnóstico de avarias baseado numa árvore de avarias. Por conseguinte, foi finalmente adotado um sistema de diagnóstico especializado baseado numa árvore de falhas.

3.2.2.1 Sistema pericial

De um modo geral, um sistema pericial é um sistema de programa informático desenvolvido por seres humanos com uma grande quantidade de conhecimentos profissionais num determinado domínio. Utiliza a tecnologia de inteligência artificial para aplicar racionalmente os conhecimentos profissionais e utilizar métodos de raciocínio e julgamento para resolver problemas complexos. Isto não só reduz o desperdício de recursos humanos, como também permite a automatização do diagnóstico de falhas. Os sistemas periciais podem simular peritos humanos reais para raciocinar e resolver problemas complexos, uma vez que possuem uma grande quantidade de conhecimentos profissionais num determinado domínio. De um modo geral, os sistemas periciais têm as seguintes caraterísticas

(1) Raciocínio com símbolos.

(2) Inteligente.

(3) Forte capacidade de adaptação ao trabalho.

(4) Elevada eficiência de trabalho.

(5) É superior a qualquer perito isolado.

(6) Separação do conhecimento e do controlo.

(7) Mais concentrado.

(8) Serão cometidos erros.

O facto de um sistema pericial ser bom ou mau depende principalmente da quantidade de conhecimentos na sua base de conhecimentos. Quanto maior for a quantidade de conhecimentos e maior for a sua qualidade, maior será a sua capacidade para resolver problemas complexos. Por conseguinte, a conceção da base de conhecimentos é a principal prioridade de todo o sistema pericial. Os passos para criar uma base de conhecimentos são geralmente os seguintes:

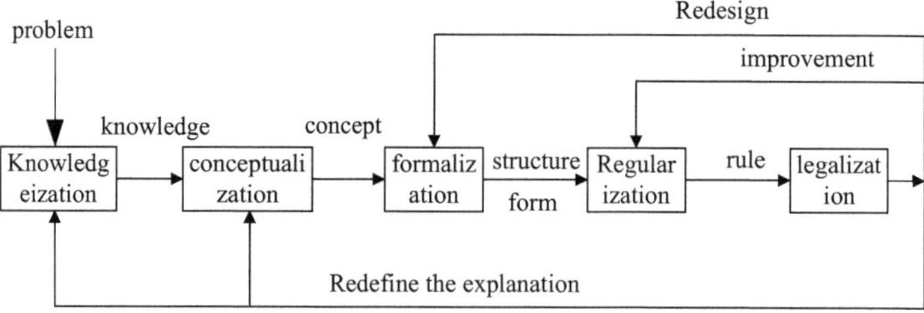

Fig.7.13 Etapas de criação da base de conhecimentos do sistema pericial

7.2.2.2 Estrutura do sistema pericial

Um sistema pericial é composto principalmente por uma base de conhecimentos, um motor de inferência e um módulo de interpretação. O diagrama de estrutura de um sistema pericial geral é apresentado na Figura 7.14.

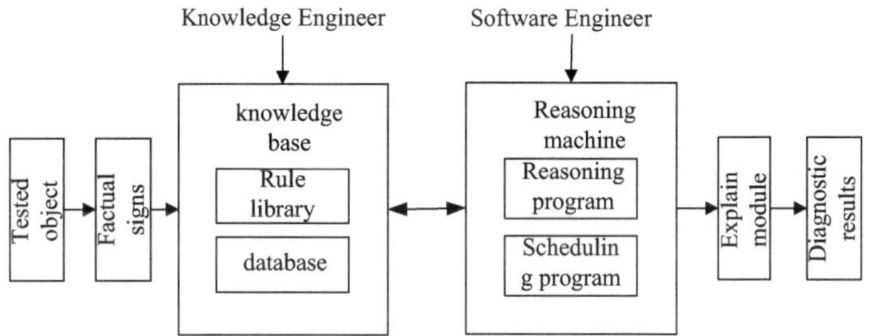

Fig.7.14 Diagrama da estrutura lógica do sistema de diagnóstico especializado

Os peritos do domínio resumem os seus conhecimentos acumulados, como a experiência de depuração e a experiência de manutenção, para formar conhecimentos especializados que podem ser recebidos pelo sistema especializado e, em seguida, armazenam as informações resumidas na base de conhecimentos através da interface de interação homem-computador. A base de conhecimentos armazena principalmente conhecimentos do domínio, enquanto o motor de inferência utiliza os conhecimentos da base de conhecimentos para processar problemas.

Com base nos sinais do sistema recolhidos, o sistema de diagnóstico especializado constrói um conjunto de caraterísticas e sintomas de avaria e armazena-os na base de conhecimentos, juntamente com os conhecimentos resumidos pelos especialistas, e chama o motor de inferência. O motor de inferência analisa e julga as caraterísticas factuais chamando o conhecimento na base de conhecimento para obter os resultados do diagnóstico.

Este sistema utiliza o método de dicionário de falhas para obter conhecimentos sobre falhas e estabelecer uma base de conhecimentos. São recolhidos os valores caraterísticos do servo-sistema de radar em diferentes condições de falha e é construído um dicionário digital com base na localização da falha, na causa da falha e na relação correspondente entre os valores caraterísticos da falha, sendo o dicionário armazenado na base de dados. Ao efetuar o diagnóstico de falhas, cada valor caraterístico neste estado é recolhido, comparado com o valor caraterístico na base de dados, e toda a base de dados é percorrida até se encontrar a causa e a localização da falha.

Este método de diagnóstico de avarias baseia-se na representação do conhecimento com base em regras. Pode associar conhecimentos conhecidos e utilizar conhecimentos conhecidos para inferir outras informações, combinando resultados e causas. É geralmente representado por "se", "então" e "senão", ou seja, se a condição "se" for satisfeita, o resultado "então" correspondente é executado. Assim, neste caso, começa-se por recolher o sinal caraterístico do equipamento e extrair as suas caraterísticas de avaria, para depois utilizar o motor de inferência para inferir e obter os seus resultados de diagnóstico. Geralmente, são necessárias várias correspondências até se obter o resultado final. O seu processo de raciocínio é mostrado na Figura 7.15.

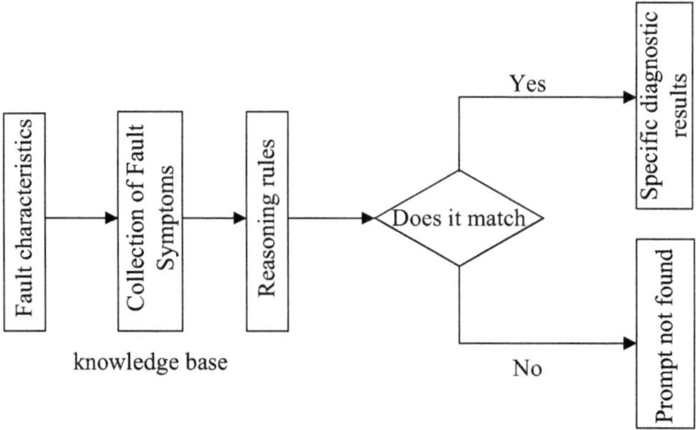

Fig.7.15 Fluxograma de raciocínio

7.2.2.3 Estabelecimento do modelo de árvore de falhas

A árvore de falhas é um método de análise adequado para a análise hierárquica e a análise descendente. Quando se utiliza a árvore de falhas para análise, começa-se por determinar o acontecimento principal do acontecimento, depois constroem-se os subacontecimentos que causam o acontecimento principal e, por fim, analisam-se os subacontecimentos. Segue-se uma análise utilizando a Figura 7.16.

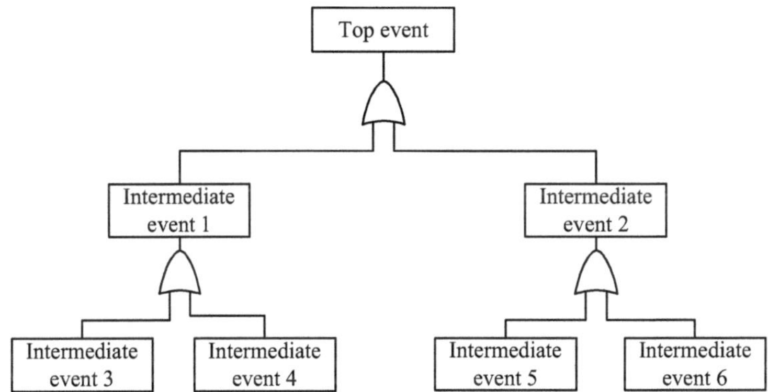

Fig.7.16 Diagrama esquemático da árvore de falhas

Após a ocorrência do acontecimento de topo, pode determinar-se que este é causado pelo acontecimento intermédio 1 ou pelo acontecimento intermédio 2, e que o acontecimento intermédio 1 é causado pelo acontecimento intermédio 3 ou pelo acontecimento intermédio 4, e que o acontecimento intermédio 2 é causado pelo acontecimento intermédio 5 ou pelo acontecimento intermédio 6. Por conseguinte, após a ocorrência do acontecimento de topo, determina-se qual dos acontecimentos intermédios 1 e 2 ocorreu. Se o acontecimento intermédio 1 não ocorreu, então ocorreu o acontecimento intermédio 2 e, em seguida, julgar para baixo com base no acontecimento intermédio 2. Se o evento intermediário 5 não ocorreu, então o evento intermediário 6 deve ter ocorrido. Neste caso, o evento intermédio 3, o evento intermédio 4, o evento intermédio 5 e o evento intermédio 6 são os eventos de nível mais baixo, pelo que a falha pode ser determinada com base no evento intermédio 6.

7.2.2.4 Algoritmo de diagnóstico de avarias ao nível do módulo do sistema servo de radar

O sistema servo do radar é composto por vários submódulos e a árvore de falhas tem grandes vantagens na análise desta estrutura hierárquica. O seu algoritmo de raciocínio é apresentado na Figura 7.17.

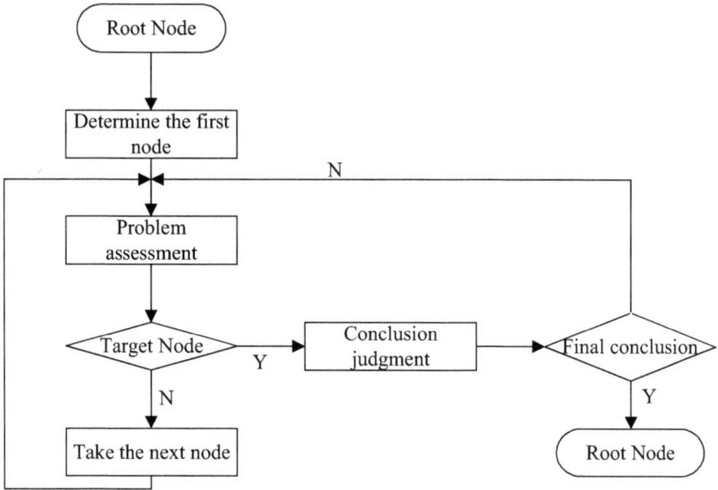

Fig.7.17 Processo de diagnóstico de falhas

Os passos específicos: de acordo com a estrutura de representação do conhecimento, encapsular o objeto nó na base de dados, utilizar o motor de inferência para raciocinar e percorrer a base de regras para o diagnóstico. Ao efetuar o diagnóstico de avarias, começar pelo nó raiz da árvore e saltar para o nível seguinte de acordo com os resultados da análise até chegar ao ponto de conclusão da avaria.

7.3 Método de diagnóstico de avarias ao nível da placa do sistema servo de radar

7.3.1 Princípios da análise de correlação

A análise de correlação estuda principalmente a relação entre variáveis. Trata-se de um método estatístico. Existem três tipos principais de métodos de análise de correlação, nomeadamente o método do coeficiente de correlação de Pearson, o método do coeficiente de correlação de Spearman e o método do coeficiente de correlação de Kendall. Neste caso, é utilizado o método do coeficiente de correlação de Pearson, que é descrito pelo coeficiente de correlação r. A correlação entre as duas variáveis é obtida através da análise do coeficiente de correlação r, sendo que o valor do coeficiente de correlação varia entre [-1,1] e o valor absoluto representa o grau de correlação. Em geral, $|r|=1$ está perfeitamente correlacionado; $0.8<|r|<1$ está altamente correlacionado; $0.5<|r|\leq 0.8$ está significativamente correlacionado; $0.3<|r|\leq 0.5$ está pouco correlacionado; $0<|r|\leq 0.3$ está fracamente correlacionado; $|r|=0$ é completamente irrelevante.

7.3.2 Passos de diagnóstico de avarias ao nível da placa do sistema servo de radar

No primeiro passo, os sinais de tensão, corrente e temperatura dos pontos de medição são recolhidos através do dispositivo de aquisição de hardware e armazenados na base de dados.

Na segunda etapa, os sinais de tensão, corrente e outros sinais recolhidos ao nível da placa são eliminados utilizando a transformada wavelet empírica melhorada proposta.

O terceiro passo é efetuar a análise de correlação no sinal padrão e no sinal original para obter o coeficiente de correlação e comparar o coeficiente de correlação obtido com o limiar definido. Se for superior ao limiar, o sinal é normal, caso contrário, o sinal é anormal. Se for determinado que o sinal de entrada da placa é anormal, a placa de ligação superior da placa continuará a ser analisada. Se o sinal de entrada da placa for normal mas o sinal de saída for anormal, pode concluir-se que a placa está avariada.

O fluxograma de diagnóstico de avarias é apresentado a seguir.

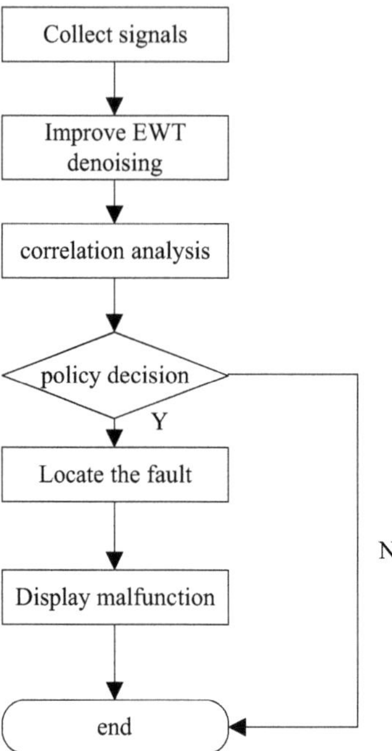

Fig.7.18 Diagrama de fluxo do diagnóstico de falhas ao nível da placa

7.3.3 Exemplo de diagnóstico de avarias ao nível da placa

A análise que se segue toma como exemplo o circuito de conversão digital-analógico do sistema de servo controlo.

A principal função do circuito de conversão é converter digital para analógico, especificamente para saída de tensão de -10V~+10V.

O diagrama do circuito de conversão digital-analógico é mostrado na figura abaixo, que é composto principalmente pelo chip DA AD664AD-BIP e pelo chip de tensão de referência ADR01BRZ.

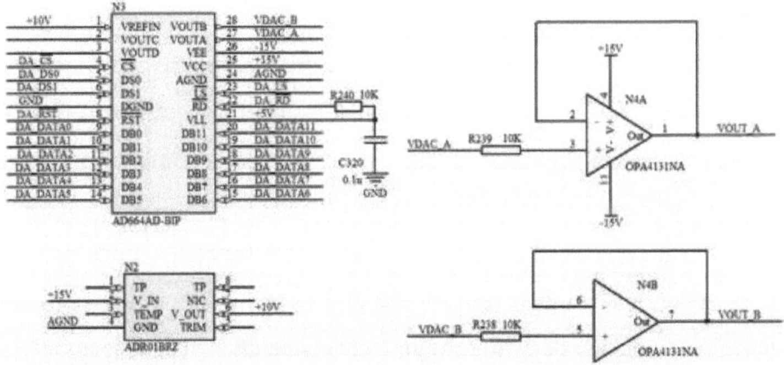

Fig.7.19 Diagrama esquemático do circuito de conversão digital-analógico

Entre eles, o chip DA AD664AD-BIP possui uma saída analógica de 12 bits e 4 canais, a faixa de tensão de alimentação digital é de 4,5V ~ 5,5V, a faixa de tensão de alimentação analógica é de ± 12V ~ ± 15V e a tensão de referência de entrada é ≤ ± 10V. A faixa de tensão de alimentação de entrada do chip de tensão de referência ADR01BRZ é de 12V~40V, a corrente de saída é de 10mA e a precisão é de ±0,1%. A faixa de tensão de alimentação de entrada do amplificador operacional OPA4131NA é de ±4,5V~±18V, e a largura de banda é de 4MHz. O chip de tensão de referência ADR01BRZ fornece uma referência de tensão de 10V para o chip DA AD664AD-BIP, e o amplificador operacional OPA4131NA amplifica o sinal analógico e envia-o para o exterior. Os pinos de alimentação e de terra das três pastilhas estão ligados como se mostra no diagrama; VDAC_A e VDAC_B estão ligados entre a pastilha DA e a pastilha op amp como se mostra no diagrama; os outros pinos da pastilha DA estão geralmente ligados à porta IO da pastilha FPGA, e a conversão digital-analógica é conseguida através de programação; VOUT_A e VOUT_B são as tensões analógicas de saída depois de passarem pelo op amp.

Suponha que todas as entradas do circuito são normais e que a saída é uma onda dente-de-serra positiva. Em primeiro lugar, utilize o Labview para simular, defina a amplitude da onda dente-de-serra positiva para 5, a frequência para 10 Hz, amostre 1000 pontos por segundo e o número de amostras para 1000. A forma de onda da onda dente-de-serra positiva e o seu espetro são apresentados na Figura 7.20 e na Figura 7.21, respetivamente.

A fim de determinar se a placa de circuitos tem uma avaria, começa-se por definir um limiar com base em dados históricos e outras informações relacionadas e, em seguida, efectua-se uma análise de correlação do sinal padrão simulado e dos dados recolhidos da onda dente-de-serra para obter um coeficiente de correlação e comparar o coeficiente com o limiar definido. Se for superior ao limiar, o sinal não apresenta qualquer problema, caso contrário, é um sinal de avaria. Aqui, é efectuada uma análise de correlação a cada 1.000 pontos recolhidos e o sinal simulado, e o número de amostras é de 100.000. O diagrama do coeficiente de correlação é apresentado na Figura 7.22.

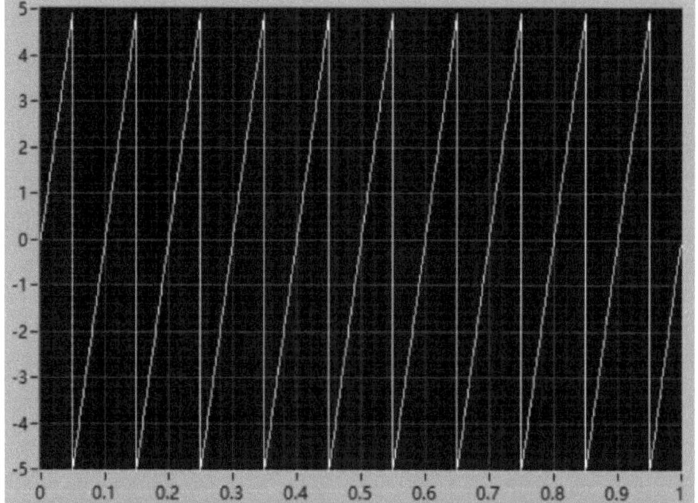

Fig.7.20 Diagrama de sinal padrão da onda dente-de-serra positiva

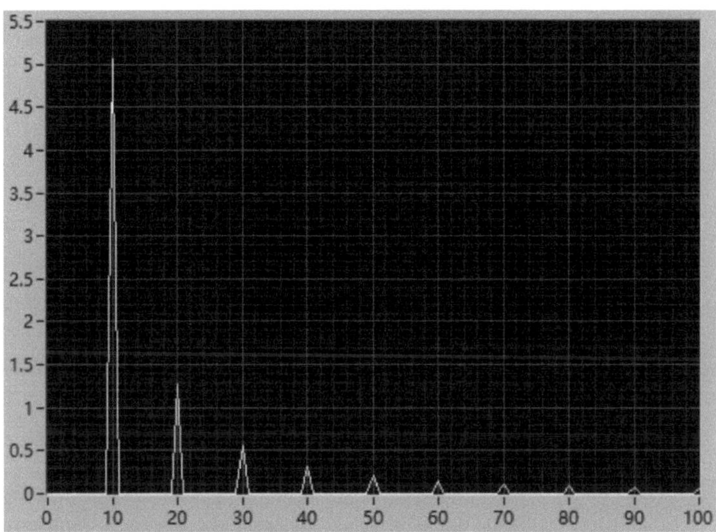

Fig.7.21 Espectro de auto-potência do sinal padrão

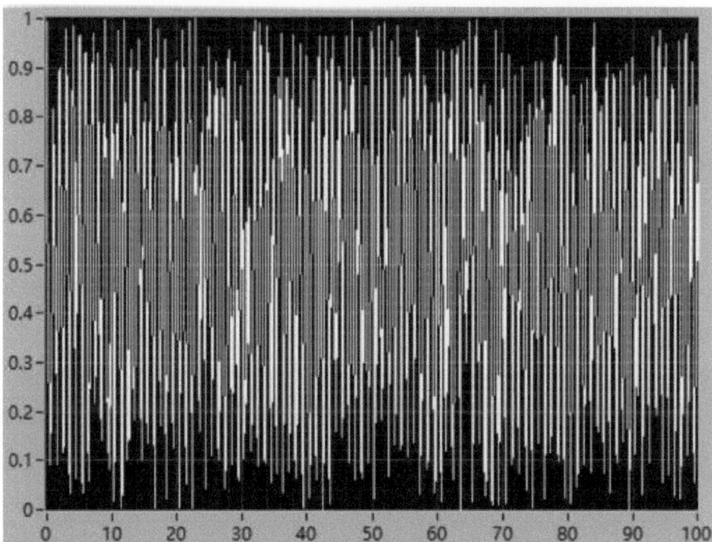

Fig7.22 Diagrama do coeficiente de correlação da comparação do sinal dente-de-serra

O mesmo método é utilizado para comparar as correlações de outros sinais de entrada e saída. Os resultados de todas as análises de correlação podem ser combinados para determinar se a placa de circuito está com defeito.

7.4 Diagnóstico de avarias ao nível dos componentes do sistema servo de radar

7.4.1 Visão geral da fusão de informações

Por volta dos anos 70, o desenvolvimento do equipamento militar levou ao nascimento da teoria da fusão da informação. Na era da guerra de informação, é basicamente difícil satisfazer as necessidades do comando de combate utilizando apenas um único sensor. Para obter informações cada vez mais precisas no campo de batalha, é necessário fundir as informações de vários sensores, o que também levou ao nascimento da teoria da fusão da informação.

O algoritmo de fusão da informação consiste em processar e analisar os valores recolhidos de vários sensores de forma unificada para obter uma descrição mais abrangente e completa. Existem muitos tipos de algoritmos de fusão de informação, que são adequados para diferentes sistemas e têm caraterísticas diferentes. Por exemplo, na análise de dados industriais, especialmente na prevenção de falhas precoces, o algoritmo de fusão de informações utilizado deve ser capaz de descrever completamente o sistema e ter uma forte robustez.

Existem muitos métodos de classificação para a teoria da fusão de informações. O mais comum é classificá-la de acordo com o tipo de sinal processado. Neste caso, a fusão de informações pode ser dividida em fusão de camadas de dados, fusão de camadas de caraterísticas e fusão de camadas de decisão.

(1) Fusão da camada de dados

A fusão da camada de dados é a fusão direta dos dados brutos obtidos pelo sensor. Este método pode ser entendido como um método de melhoramento do sinal. Cada sensor recolhe informações sobre o dispositivo em diferentes pontos de medição, à semelhança da observação de um objeto de diferentes ângulos para obter as informações mais completas sobre o objeto.

Os dados brutos transmitidos pelo sensor não foram processados nesta altura e perde-se muito pouca informação do dispositivo. Por conseguinte, a fusão direta dos dados do sensor pode obter as informações mais exactas do dispositivo e a sua precisão é superior a qualquer nível de fusão.

A fusão da camada de dados também tem muitas desvantagens, principalmente porque processa diretamente os dados brutos do sensor, que por vezes têm muito ruído ambiental e uma quantidade muito grande de dados. Se estes dados forem processados diretamente, a carga de trabalho é muito grande e, para garantir a precisão dos resultados, o algoritmo de fusão tem de ter uma capacidade de correção de erros muito forte. Ao mesmo tempo, só pode fundir o mesmo tipo de dados de sensores do mesmo dispositivo.

Os algoritmos comuns de fusão de camadas de dados incluem algoritmos lineares ponderados e filtragem de Kalman. Os algoritmos de fusão da camada de dados são relativamente comuns em domínios como o processamento gráfico e a síntese de formas de onda semelhantes. O diagrama esquemático da fusão de camadas de dados é o seguinte

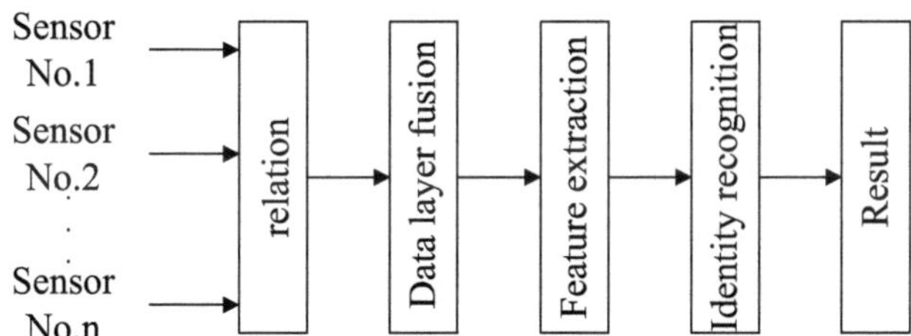

Fig.7.23 Diagrama esquemático da fusão da camada de dados

(2) Fusão de camadas de caraterísticas

A fusão da camada de caraterísticas é um método de fusão de camada intermédia que funde os dados de cada sensor após uma série de processamentos. Geralmente, após a extração de caraterísticas dos dados de cada sensor para obter vectores de caraterísticas, estes vectores de caraterísticas são fundidos no centro de fusão. Uma vez que os dados originais foram processados, apenas os vectores de caraterísticas são finalmente fundidos. Em comparação com a fusão da camada de dados, a complexidade computacional da fusão da camada de caraterísticas é muito reduzida, pelo que é muito prática. No entanto, se o método de extração de caraterísticas não for bom durante a extração de caraterísticas e as informações importantes do sinal original não forem extraídas, a precisão do resultado final será muito reduzida.

Os algoritmos comuns de fusão de camadas de caraterísticas incluem KPCA, rede neural, etc. O diagrama de fusão da camada de caraterísticas é o seguinte

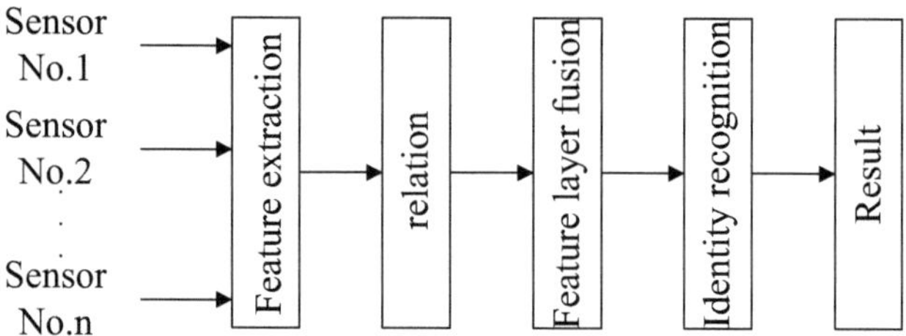

Fig.7.24 Diagrama esquemático da fusão de camadas de caraterísticas

(3) Integração do nível de tomada de decisão

O método de fusão dos resultados da decisão final é a fusão ao nível da decisão. Depois de obter os resultados da decisão com base nos dados de cada sensor, estes resultados da decisão são fundidos no centro de fusão para obter os resultados da decisão final. Uma vez que processa os resultados da decisão final, tem uma forte capacidade anti-interferência e requisitos relativamente baixos em termos de precisão do sensor. Ao mesmo tempo, uma vez que efectua a fusão de dados no final, por vezes pode perder-se muita informação em relação aos dados originais. Por conseguinte, o desempenho da fusão ao nível da decisão para pequenos factores não é óbvio e a precisão relativa é a mais baixa.

Os algoritmos de fusão mais comuns incluem os sistemas periciais, a teoria da evidência DS, etc. A figura seguinte apresenta um diagrama esquemático da fusão ao nível da decisão:

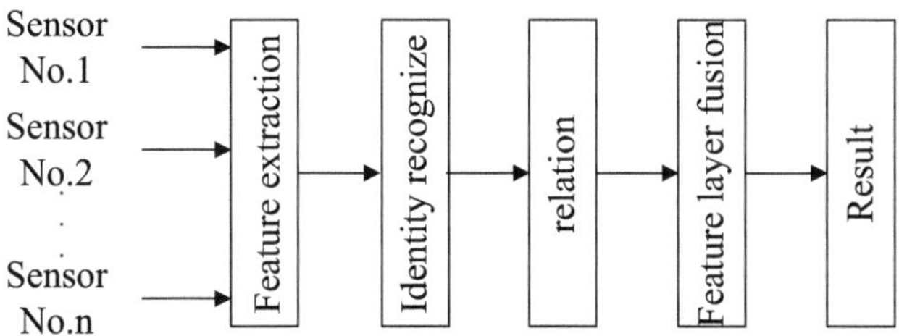

Fig.7.25 Diagrama esquemático da integração do nível de decisão

A fusão de informações pode ser dividida em algoritmos aleatórios e algoritmos de inteligência artificial, consoante o algoritmo de fusão.

Os algoritmos comuns de fusão de dados são apresentados na Tabela 7.4.

Quadro 7.4 Métodos comuns de fusão de dados

Nome do método	Tipos de dados	Fontes de erro	Âmbito de aplicação
Média ponderada	Dados em bruto	ruído gaussiano	Fusão de camadas de dados
Filtro de Kalman	Distribuição de probabilidades	ruído gaussiano	Fusão de camadas de dados
Teoria da evidência	Proposta	Erro de estimativa	Integração do nível de tomada de decisão
Teoria Fuzzy	Proposta	Filiação	Integração do nível de tomada de decisão
Redes Neuronais	Entrada neuronal	Erro de aprendizagem	Fusão de camadas de dados/caraterísticas/decisão

7.4.2 Extração de caraterísticas de falhas

Para garantir a viabilidade dos métodos de diagnóstico e previsão de avarias descritos mais adiante, descrevem-se aqui os métodos de extração das caraterísticas do domínio do tempo, do domínio da frequência e das caraterísticas tempo-frequência do sinal.

(1) Caraterísticas no domínio do tempo

As caraterísticas do domínio do tempo reflectem principalmente a distribuição da amplitude do sinal. Aqui, assume-se que o sinal é $x=[x(1),x(2),...,x(n)]$, onde n é o comprimento de amostragem. A fórmula de cálculo da caraterística do domínio do tempo é a apresentada na tabela seguinte.

Tabela 7.5 Fórmula de cálculo da caraterística do domínio do tempo

Parâmetros caraterísticos	expressão	Parâmetros caraterísticos	expressão
Máximo	$F_1=\max(x(i))$	Assimetria	$F_9=\frac{1}{N}\sum_{i=1}^{N}(x(i)-\bar{x})^3$
Média	$F_2=\frac{1}{N}\sum_{i=1}^{N}x(i)$	Curtose	$F_{10}=\frac{1}{\mathrm{N}}\sum_{i=1}^{N}(x(i)-\bar{x})^4$
Amplitude média	$F_3=\frac{1}{N}\sum_{i=1}^{N}\lvert x(i)\rvert$	Fator de forma	$F_{11}=\frac{F_6}{F_3}$
Amplitude da raiz quadrada	$F_4=\left(\frac{1}{N}\sum_{i=1}^{N}\sqrt{\lvert x(i)\rvert}\right)^2$	Fator de pico	$F_{12}=\frac{F_1}{F_6}$
RMS	$F_5=\frac{1}{N}\sum_{i=1}^{N}x^2(i)$	Fator de impulso	$F_{13}=\frac{F_1}{F_3}$
Valor RMS	$F_6=\sqrt{\frac{1}{N}\sum_{i=1}^{N}x^2(i)}$	Índice da margem	$F_{14}=\frac{F_1}{F_4}$
variação	$F_7=\frac{1}{N-1}\sum_{i=1}^{N}\left(x(i)-\bar{x}\right)^2$	Índice de curtose	$F_{15}=\frac{F_{10}}{F_8^4}$
Desvio padrão	$F_8=\sqrt{\frac{1}{N-1}\sum_{i=1}^{N}\left(x(i)-\bar{x}\right)^2}$	Indicador de assimetria	$F_{16}=\frac{F_9}{F_8^4}$

(2) Indicadores do domínio da frequência

As caraterísticas do domínio da frequência são estatísticas calculadas a partir da frequência e da amplitude no espetro depois de o sinal ser transformado pela transformada rápida de Fourier (FFT). Assumindo que as linhas do espetro do sinal após a transformação FFT são $s(k)$, (, $k=1,2,...,K$ K é o número de linhas do espetro, f_k é o valor da frequência correspondente à k -ésima linha do espetro), a fórmula de cálculo da caraterística do domínio da frequência é apresentada na Tabela 7.6.

Tabela 7.6 Fórmula de cálculo da caraterística do domínio da frequência

Parâmetros caraterísticos	expressão	Parâmetros caraterísticos	expressão
Média de amplitude	$S_1 = \frac{1}{K}\sum_{k=1}^{K} s(k)$	Índice de assimetria da amplitude	$S_6 = \frac{\sum_{k=1}^{K}[s(k)-\bar{S}]^3}{\sqrt{S_5}^3}$
Frequência central	$S_2 = \frac{\sum_{k=1}^{K} f_k s(k)}{\sum_{k=1}^{K} s(k)}$	Índice de curtose da amplitude	$S_7 = \frac{\sum_{k=1}^{K}[s(k)-\bar{S}]^4}{\sqrt{S_5}^4}$
Frequência quadrada média	$S_3 = \frac{\sum_{k=1}^{K} f_k^2 s(k)}{\sum_{k=1}^{K} s(k)}$	Frequência desvio padrão	$S_8 = \sqrt{\frac{\sum_{k=1}^{K}(f_k - S_2)^2 s(k)}{\sum_{k=1}^{K} s(k)}}$
Variação de frequência	$S_4 = \frac{\sum_{k=1}^{K}(f_k - S_2)^2 s(k)}{\sum_{k=1}^{K} s(k)}$	Frequência RMS	$S_9 = \sqrt{\frac{\sum_{k=1}^{K} f_k^2 s(k)}{\sum_{k=1}^{K} s(k)}}$
Variação da amplitude	$S_5 = \frac{1}{K-1}\sum_{k=1}^{K}[s(k)-\bar{S}]^2$		

(3) Índice tempo-frequência

Neste caso, a energia de cada modo decomposto pela EWT é utilizada como índice tempo-frequência, e a fórmula é: $E=\sum_{j=1}^{J}\left|x_j^2\right|$. Onde x_j é a amplitude de cada ponto.

7.4.3 Método de diagnóstico de avarias ao nível dos componentes do sistema servo de radar

7.4.3.1 Etapas do diagnóstico de avarias ao nível dos componentes do sistema servo de radar

O fluxograma de diagnóstico de avarias ao nível dos componentes do servo-sistema de radar é o seguinte

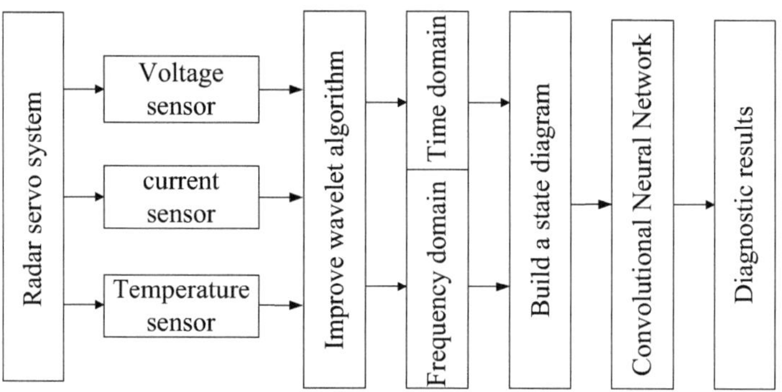

Fig.7.26 Diagrama de fluxo do diagnóstico de avarias ao nível dos componentes do sistema servo de radar

No primeiro passo, os sinais de tensão, corrente e temperatura dos pontos de medição de vários componentes sob várias falhas são recolhidos através da tecnologia de simulação de pré-teste, e os dados são normalizados.

Na segunda etapa, a transformada wavelet empírica melhorada é utilizada para eliminar o ruído do sinal original recolhido e o sinal eliminado é analisado no domínio do tempo e no domínio da frequência para obter o valor máximo, o valor mínimo, a média, a raiz quadrada da média, o desvio padrão, a variância, a curtose, a moda, a assimetria, a frequência quadrada média, a frequência central e a frequência caraterística.

O terceiro passo é construir a matriz de estado de falha do componente com base nos resultados da análise no domínio do tempo e da análise no domínio da frequência, e construir ainda o diagrama de estado do componente e definir a etiqueta de falha.

O quarto passo é construir um modelo de rede neural convolucional de componentes, utilizando o diagrama de estado dos componentes como entrada e a etiqueta de estado de falha correspondente como a saída esperada do modelo de rede neural convolucional de componentes, e utilizá-lo para treinar a rede neural convolucional de componentes.

O quinto passo consiste em recolher os sinais de tensão, corrente e temperatura do ponto de medição do servo-sistema de corrente e obter o diagrama de estado do componente de acordo com os métodos dos passos dois, três e quatro acima, e introduzir o diagrama de estado no modelo de rede neural treinado para obter o resultado do diagnóstico da falha de corrente.

7.4.3.2 Verificação experimental do diagnóstico de avarias ao nível dos componentes

O circuito amplificador de realimentação paralela do sistema servo é utilizado como exemplo para o diagnóstico. Uma vez que se trata de um sinal simulado, o passo de utilização da EWT melhorada para remover o ruído é omitido.

O software PSPICE é utilizado para estabelecer o modelo de simulação do circuito do amplificador de realimentação em condições normais e de falha. O diagrama de simulação do circuito é apresentado na Figura 7.27. Através da simulação, são medidas a tensão e a corrente dos pontos de medição 3, 4, 5, 7 e 8.

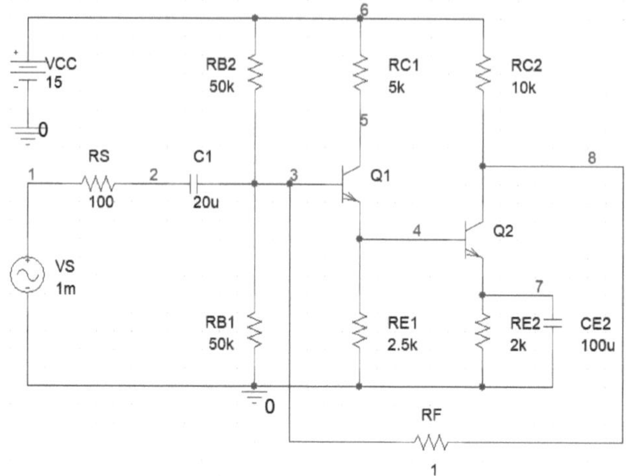

Fig.7.27 Circuito amplificador de realimentação

Os defeitos mais comuns neste circuito são Q1 em circuito aberto, Q2 em circuito aberto, C1 em circuito aberto e CE2 em circuito aberto. As formas de onda da tensão e da corrente nos pontos 3, 4, 5, 7 e 8 em condições normais e em condições de defeito são apresentadas a seguir.

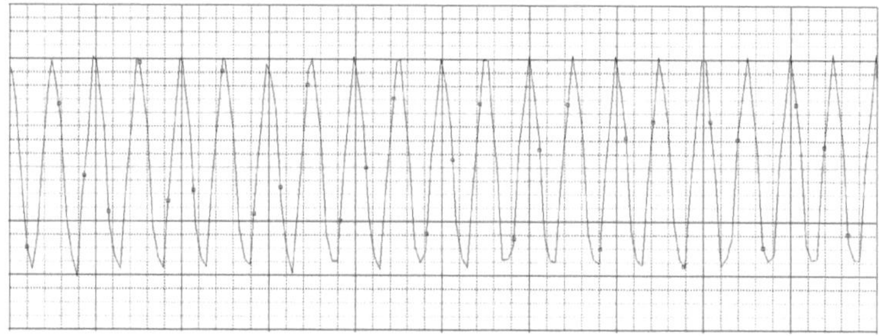

Fig.7.28 Forma de onda da corrente do ponto de medição 3 em condições normais

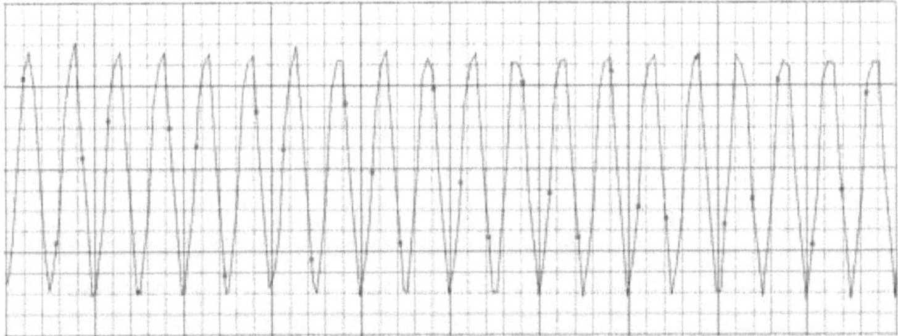

Fig.7.29 Corrente no ponto de medição 4 em condições normais

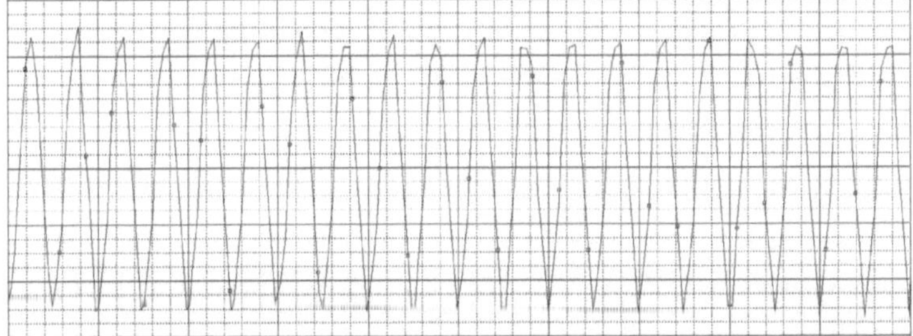

Fig.7.30 Forma de onda da corrente do ponto de medição 5 em condições normais

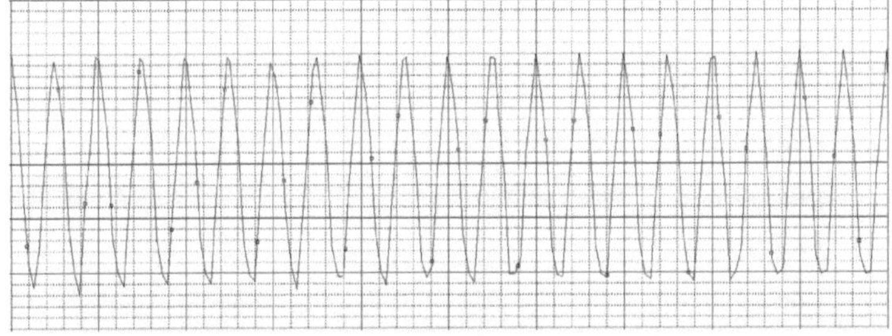

Fig.7.31 Forma de onda da tensão do ponto de medição 7 em condições normais

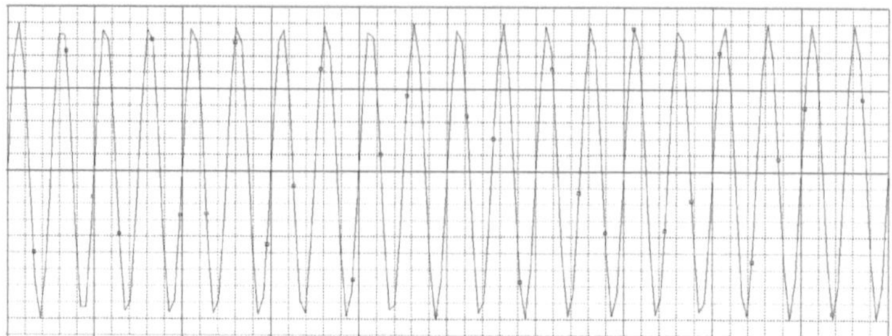

Fig.7.32 Forma de onda da tensão do ponto de medição 8 em condições normais

Segue-se uma explicação do diagrama de estados construído com dados em circunstâncias normais.

As caraterísticas no domínio do tempo e no domínio da frequência de cada sinal após a normalização em condições normais são apresentadas na tabela seguinte (III, IV, V, VII, VIII na tabela representam os pontos de medição 3, 4, 5, 7, 8, respetivamente, e I e V representam a corrente e a tensão de cada ponto de medição, respetivamente):

Tabela 7.7 Tabela de resultados das caraterísticas do sinal de simulação normal

nome	a maioria Grande valor	a maioria Pequeno valor	Média	todos raiz	Padrão Desvio padrão	variação	Curtose	Preconceito Declive	Frequência central	Frequência quadrada média
III(v)	0.986	-0.987	0.008	0.665	0.667	0.444	1.622	-0.034	89.7	12466
III(i)	0.42	-0.45	-0.034	0.285	0.281	0.079	1.5 06	-0.162	88.2	12108

IV(v)	1	-0.99	0.083	0.689	0.686	0.471	1.50	-0.163	88.2	12129
IV(i)	0.304	-0.316	-0.025	0.212	0.211	0.045	1.506	-0.16	88.26	12110
V(v)	0.526	-0.505	0.043	0.352	0.35	0.123	1.50 8	-0.161	88.23	12099
V(i)	1	- 1	-0.086	0.704	0.701	0.49	1.5	0.16	88.2	12099
VII(v)	0.206	-0.24	-0.001	0.15	0.151	0.023	1.507	-0.15	89.87	12410
VII(i)	0.354	-2.58	-0.017	0.24	0.24	0.058	71.46	-6.69	89.5	10499
VIII(v)	-0.896	-0.897	0.007	0.604	0.606	0.367	1.62	-0.034	89.76	12467
VIII(i)	0.952	-0.919	0.078	0.64	0.64	0.405	1.50	-0.16	88.2	12114

Os dados da Tabela 7.7 são posteriormente processados para que a distribuição de cada número seja razoável entre 0 e 255. Os resultados após o processamento são os seguintes:

Tabela 7.8 A tabela de caraterísticas após o processamento

nome	a maiori	a maiori	Média	todos	Padrão Desvi	variação	Curtose	Viés De	Frequência centra	Frequência quadr

	a Grande valor	a Pequeno valor		raiz	o padrão			clive	l	ada média
III(v)	98.6	98.7	8	66.5	66.7	44.4	16.22	3.4	89.7	124
III(i)	42	45	34	28.5	28.1	7.9	15.06	16.2	88.2	121
IV(v)	102	99	83	68.9	68.6	47.1	15	16.3	88.2	121
IV(i)	30.4	31.6	25	21.2	21.1	4.5	15.06	16	88.26	121
V(v)	52.6	50.5	43	35.2	35	12.3	15.08	16.1	88.23	120
V(i)	100	100	86	70.4	70.1	49	15	16	88.2	120
VII(v)	20.6	24	1	15	15.1	2.3	15.07	15	89.87	124
VII(i)	35.4	25.8	17	24	24	5.8	71.46	66.9	89.5	104
VIII(v)	89.6	89.7	7	60.4	60.6	36.7	16.2	3.4	89.76	124
VIII(i)	95.2	91.9	78	64	64	40.5	15.0	16	88.2	121

De acordo com a Tabela 7.8, é construído um diagrama de estados que é introduzido na rede neural convolucional para treino e obtenção dos resultados do diagnóstico de avarias.

Este conjunto de dados é composto por 50 dados de cada tipo, num total de 250 conjuntos de dados, com um rácio de 9:1 entre o conjunto de treino e o conjunto de teste. O YOLOV3 foi selecionado para treino. Os resultados do diagnóstico de falhas são apresentados na tabela seguinte:

Tabela 7.9 Resultados da formação YOLOV3

nome	Sem problemas	Q1 circuito aberto	Q2 circuito aberto	Desconexão C1	CE2 está desligado	Precisão média
Exatidão	100%	100%	100%	98%	100%	99.6 %

Como se pode ver na Tabela 7.9, com exceção da precisão de 98% quando C1 está aberto, as outras taxas de precisão são todas de 100% e a taxa média de precisão é de 99,6%. Por conseguinte, o método de diagnóstico de avarias ao nível dos componentes proposto tem uma elevada exatidão e uma boa viabilidade.

7.5 Resumo

Este capítulo propõe uma transformada wavelet empírica melhorada para a eliminação de ruído de sinais. De acordo com a estrutura hierárquica do servo-sistema de radar, são propostos três métodos diferentes de diagnóstico de falhas. São eles o método de diagnóstico de avarias ao nível do módulo, baseado na árvore de avarias e no sistema pericial, o método de diagnóstico de avarias ao nível da placa, baseado no princípio da análise de correlação, e o método de diagnóstico de avarias ao nível dos componentes, baseado na fusão de dados. Os processos de diagnóstico a nível de módulo e a nível de placa são relativamente simples, enquanto o diagnóstico de avarias a nível de componente se baseia na extração de caraterísticas do sinal, na construção de um diagrama de estados e na sua transmissão à rede neural convolucional para treino, a fim de obter os resultados do diagnóstico de avarias. Através da explicação de exemplos e da verificação de simulações, os métodos acima referidos podem diagnosticar as falhas do servo-sistema de radar e obter resultados satisfatórios.

Capítulo 8 Investigação sobre os métodos de previsão de avarias do sistema servo de radar

8.1 Construção do indicador de saúde curve

Com base na obtenção das caraterísticas do sinal, é construído um vetor de caraterísticas e introduzido na rede neural auto-organizada para treino, a fim de obter o erro de quantização mínimo e, em seguida, obter a curva do índice de saúde.

8.1.1 Análise da fase de falha

De um modo geral, o sinal de falha muda gradual e lentamente, não subitamente. Como mostra a figura abaixo, o ponto A e o ponto B são designados por ponto de início da tendência de falha e ponto de definição do limiar de falha, respetivamente. Antes do ponto A, o equipamento encontra-se num estado saudável. À medida que o tempo passa, o equipamento atinge o ponto B, que atingiu o ponto crítico de ocorrência de falhas. Nesta altura, o sinal de falha já não é uma mudança suave, mas sim uma mudança drástica, e o equipamento ficará danificado.

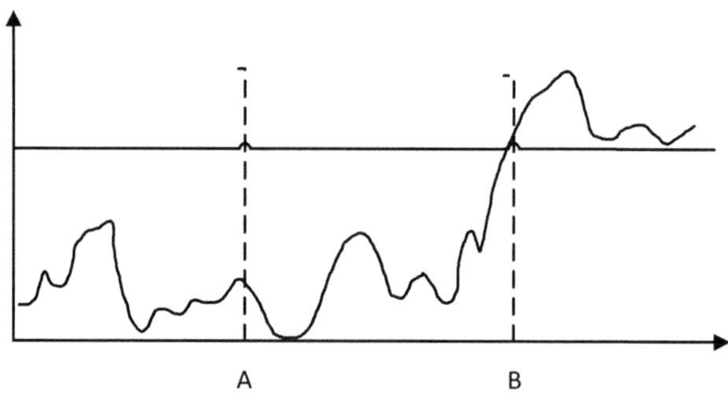

Fig.8.1 Processo de alteração do sinal de falha

8.1.2 Seleção de caraterísticas degeneradas

Atualmente, a correlação, a monotonicidade e a robustez são os métodos de avaliação mais utilizados para os indicadores das caraterísticas de degradação. As definições de cada indicador de avaliação são aqui apresentadas:

(1) Índice de pertinência

O índice de correlação é utilizado principalmente para avaliar a correlação entre as caraterísticas de degradação do equipamento e o tempo. Quanto maior for o índice de correlação, mais forte é a correlação entre as caraterísticas e o tempo de vida, indicando que as caraterísticas de degradação podem descrever melhor o processo de degradação do equipamento. A definição é a seguinte:

$$Corr(X) = \frac{\left| n\sum_i x_i t_i - \sum_i x_i \sum_i t_i \right|}{\sqrt{\left[n\sum_i x_i^2 - \left(\sum_i x_i \right)^2 \right]\left[n\sum_i t_i^2 - \left(\sum_i t_i \right)^2 \right]}} \tag{8.1}$$

Nela, $X = (x_1, x_2, \ldots, x_n)$ é a série temporal da caraterística de degradação; n é o número de amostras; $T = (t_1, t_2, \ldots, t_N)$ é a série temporal da amostragem.

(2) Índice de monotonicidade

O índice de monotonicidade é utilizado principalmente para descrever a intensidade da tendência monotonicamente decrescente ou monotonicamente crescente das caraterísticas do sinal. O intervalo de valores é de 0~1. Quanto mais próximo de 1 for o valor do índice de monotonicidade obtido, mais forte é a tendência de monotonicidade da caraterística no processo de degradação. A definição é a seguinte:

$$Mon(X) = \frac{\left| \sum_i \varepsilon(x_i - x_{i-1}) - \sum_i \varepsilon(x_{i-1} - x_i) \right|}{n-1} \tag{8.2}$$

Nela, $\varepsilon(x) = \begin{cases} 1(x \geq 0) \\ 0(x < 0) \end{cases}$ é a função de passo unitário.

(3) Índice de robustez

O índice de robustez é utilizado principalmente para descrever a capacidade anti-interferência da caraterística de degradação, e o seu valor é de 0~ 1. Quanto melhor for a robustez da série cronológica da caraterística de degradação, mais suave será a caraterística da série cronológica e menor será a incerteza da previsão da vida. É definido da seguinte forma:

$$Rob(x) = \frac{1}{n}\sum_{i} \exp\left(\left|\frac{x_i - \tilde{x}_i}{x_i}\right|\right) \tag{8.3}$$

Nele, $\tilde{X} = (\tilde{x}_1, \tilde{x}_2, ..., \tilde{x}_n)$ é o termo de tendência da série cronológica caraterística.

A fim de selecionar as caraterísticas de degradação adequadas do servo-sistema de radar, é necessário considerar de forma abrangente indicadores como a correlação, a monotonicidade e a robustez. De acordo com o documento "Prediction of Health Status of Key Components of High-speed Train Transmission System" (Previsão do estado de saúde dos principais componentes do sistema de transmissão de comboios de alta velocidade), as caraterísticas do domínio do tempo finalmente selecionadas para a construção do vetor de caraterísticas de degradação são o valor máximo, o valor quadrático médio, a variância e o desvio padrão, e as caraterísticas do domínio da frequência são a frequência central e a frequência quadrada média.

8.1.3 Fusão de caraterísticas de mapas auto-organizáveis

Os mapas auto-organizáveis (SOM) são um algoritmo de aprendizagem competitiva não supervisionada muito adequado para a fusão de caraterísticas e a redução da dimensionalidade. Uma vez que não é necessário fornecer antecipadamente o resultado pretendido, o mapeamento adaptativo de caraterísticas pode ser efectuado de acordo com os dados de entrada, pelo que a sua utilização é muito conveniente.

O SOM é constituído por duas camadas de redes neuronais, nomeadamente a camada de entrada e a camada de saída, sendo a camada de saída também designada por camada de competição. O seu princípio básico consiste em calcular a distância euclidiana entre cada unidade da camada de saída e o vetor de caraterísticas de entrada, considerar a unidade com a distância mais pequena como a unidade vencedora e ajustar o peso em função da unidade vencedora. Os passos específicos do algoritmo são os seguintes:

(1) Inicializar aleatoriamente os pesos da rede.

(2) Introduzir o vetor de caraterísticas $X = [x_1, x_2, ..., x_n]^T$ e calcular a distância euclidiana entre o neurónio da camada topológica e X. A fórmula de cálculo é : $d_j = \|X - \omega_j\| = \sqrt{\sum_{i=1}^{m}\left(x(t) - \omega_{ij}\right)^2}$

Nele, ω_{ij} é o vetor de peso entre o j -ésimo neurónio na camada de entrada e o i -ésimo neurónio na camada topológica;

(3) Selecionar o neurónio com a distância mais pequena como neurónio vencedor C e dar o seu conjunto de neurónios vizinhos.

(4) A aprendizagem dos pesos consiste essencialmente em corrigir os pesos do neurónio de saída C e dos neurónios vizinhos.

$$\Delta\omega_{ij} = \omega_{ij}(t+1) - \omega_{ij}(t) = \eta(t)(x_i(t) - \omega_{ij}(t))$$

Nela, $\eta(t)$ é a função de ganho, que diminui gradualmente com o aumento dos tempos de treino, e o seu intervalo de valores é [0, 1].

(5) Calcular e produzir o erro mínimo de quantização (MQE).

A expressão é: $MQE = f\left(\min\|X_j - \omega_j\|\right)$. Onde, ω_j é o vetor de peso unitário vencedor.

(6) Tomar uma decisão. Se os requisitos forem cumpridos, o processo termina. Caso contrário, passar à etapa (2) para a ronda de aprendizagem seguinte.

8.1.4 Passos para construir a curva do indicador de saúde

De acordo com 8.1.1, a viabilidade da previsão de falhas pode ser conhecida. De acordo com 8.1.2 e 8.1.3, os passos específicos para a construção da curva do índice de saúde do sistema servo do radar são os seguintes:

(1) Obter as caraterísticas de degradação do sinal denotizado.

(2) Construção de vectores de caraterísticas com base em caraterísticas degeneradas.

(3) Introduzir o vetor de caraterísticas na rede SOM para treino.

(4) A distância entre cada vetor próprio e o vetor de peso correspondente ao neurónio ótimo do sinal normal é obtida, e a curva do índice de saúde é posteriormente construída.

8.2 Princípio da rede neural recorrente LSTM

A Memória de Longo Prazo (LSTM) e a Rede Neuronal Recorrente (RNN) são muito semelhantes em muitos aspectos, como os parâmetros de formação e a estrutura da rede. A sua maior diferença reside nos nós dos neurónios recorrentes. A Figura 8.2 é um diagrama típico de unidades de uma rede neural LSTM, em que h_t representa a unidade de memória de curto prazo (estado oculto) e C_t representa a unidade de memória de longo prazo (estado celular).

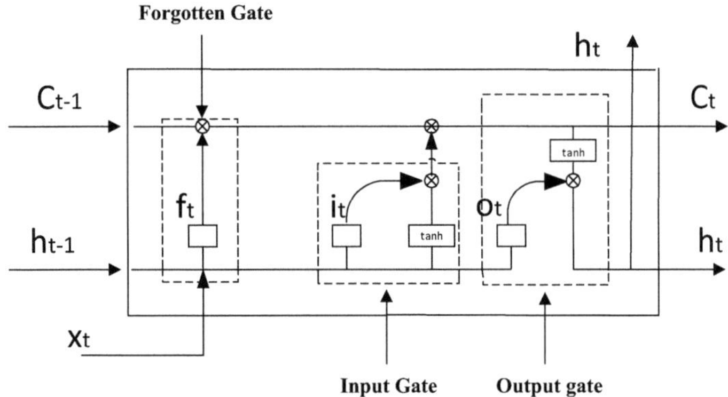

Fig.8.2 Estrutura básica da unidade de rede neural circulante LSTM

A maior caraterística da rede LSTM é o facto de introduzir três unidades recorrentes, ,f_t o_t e i_t , que representam a unidade de porta de esquecimento, a unidade de porta de saída e a unidade de porta de entrada, respetivamente, que podem ser expressas da seguinte forma

$$f_t = \sigma(W_f \bullet [h_{t-1}, x_t] + b_f) \quad (8.4)$$

$$o_t = \sigma(W_o \bullet [h_{t-1}, x_t] + b_0) \quad (8.5)$$

$$i_t = \sigma(W_i \bullet [h_{t-1}, x_t] + b_i) \quad (8.6)$$

Nela, , , W_f W_o W_i são matrizes de peso, , , b_f b_i b_0 são vectores de polarização.

O processo interno da rede LSTM consiste essencialmente em três fases: a fase de esquecimento, a fase de seleção da memória e a fase de saída:

(1) Fase do esquecimento.

t A entrada x_t , a memória de longo prazo C_{t-1} e a memória de curto prazo h_{t-1} são as informações de entrada da unidade neural LSTM, e a unidade de bloqueio de esquecimento utiliza $f_t * C_{t-1}$ para selecionar as informações importantes na memória de longo prazo. Entre eles, os elementos da matriz f_t são tomados entre 0 e 1, sendo que o valor 0 representa o esquecimento total e o valor 1 representa a retenção da memória.

(2) Fase de seleção da memória

A unidade de controlo de entrada i_t é selecionada principalmente para a entrada x_t e para a informação da memória de curto prazo $i * \tilde{C}_t$ no momento atual, e o peso de cada valor de estado é escalado por h_{t-1} , em que $\tilde{C}_t$ pode ser expresso como:

$$\tilde{C}_t = \tanh(W_c \bullet [h_{t-1}, x_t] + b_c) \quad (8.7)$$

(3) Fase de saída

A informação é actualizada e filtrada através da fase de esquecimento e da fase de seleção da memória e, em seguida, a fase de saída resume a informação das duas primeiras fases para determinar a informação a emitir no momento seguinte. As fórmulas de atualização da memória de longo prazo C_t e da memória de curto prazo h_t são as seguintes:

$$C_t = f_t * C_{t-1} + i_t * \tilde{C}_{t-1} \quad (8.8)$$

$$h_t = o_t * \tanh(C_t) \quad (8.9)$$

8.3 Processo de previsão de falhas do sistema servo de radar

O processo de previsão de falhas do servo sistema é o seguinte:

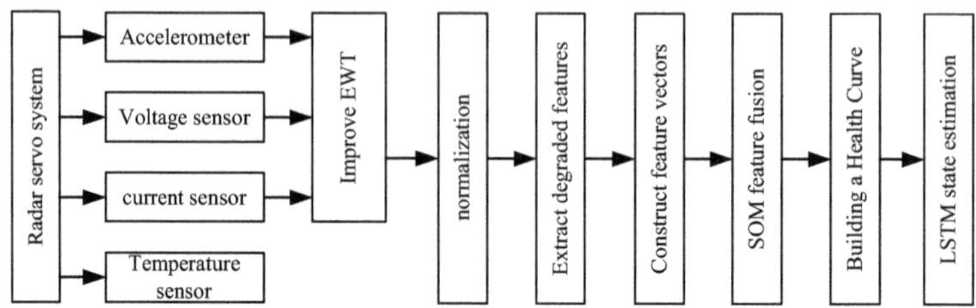

Fig.8.3 Diagrama de fluxo da previsão de falhas do servo sistema

As etapas específicas são:

(1) O dispositivo de aquisição é utilizado para obter o sinal de vibração, o sinal de tensão, o sinal de corrente e o sinal de temperatura de pontos de medição importantes do sistema servo do radar.

(2) Os sinais de vibração, os sinais de tensão e os sinais de corrente recolhidos são eliminados por EWT melhorada.

(3) O sinal de vibração, o sinal de tensão, o sinal de corrente e o sinal de temperatura são normalizados.

(4) As caraterísticas de degradação no domínio do tempo e as caraterísticas de degradação no domínio da frequência são extraídas, respetivamente. As caraterísticas de degradação no domínio do tempo são o valor máximo, a variância, o desvio padrão e a raiz do valor quadrático médio do sinal, e as caraterísticas no domínio da frequência são a frequência central e a frequência quadrática média do sinal.

(5) O vetor de caraterísticas é construído com base nas caraterísticas de degradação obtidas. O vetor de caraterísticas é construído com base nas caraterísticas de degradação extraídas do sinal de vibração, do sinal de tensão, do sinal de corrente e do sinal de temperatura.

(6) Construir uma curva de indicador de saúde (HI); utilizar o algoritmo SOM para efetuar a fusão de caraterísticas e, finalmente, obter o erro mínimo

de quantização (MQE) para construir a curva HI.

(7) Utilizar a rede LSTM para prever a curva HI.

8.4 Verificação experimental

Uma vez que os dados de todo o sistema servo do radar são difíceis de encontrar, o servomotor da unidade de execução no sistema servo do radar é utilizado para verificação e explicação. Especificamente, a correção da seleção de caraterísticas de degradação e a viabilidade do método de previsão de falhas são explicadas utilizando o sinal de rolamento do motor.

8.4.1 Fonte de dados

A correção e a viabilidade do método de seleção de caraterísticas são ilustradas pela base de dados pública de rolamentos da Western Reserve University. Os dados dos ficheiros 97.mat, 105.mat, 169.mat, 209.mat e 3001.mat são selecionados como os sinais de vibração das chumaceiras em cada período de tempo, e cada 1 000 pontos de dados são utilizados como recolha de dados. São retirados 100.000 pontos de cada ficheiro para extração de caraterísticas, incluindo caraterísticas no domínio do tempo e no domínio da frequência. As curvas de degradação de cada caraterística são desenhadas com base nisso. Antes da extração das caraterísticas, o sinal é desnormalizado utilizando a transformada wavelet empírica melhorada proposta no Capítulo 7.

8.4.2 Construção da curva de degradação HI

8.4.2.1 Cálculo do valor próprio

De acordo com a Tabela 7.5, as caraterísticas do domínio do tempo são obtidas, e os ficheiros 97.mat, 105.mat, 169.mat, 209.mat e 3001.mat são os dados de cada período de tempo do funcionamento do motor, e os indicadores do domínio do tempo são obtidos para cada milhar de dados. O software utilizado para obter cada indicador nesta experiência é o Labview.

A lógica de todo o programa é obter o valor máximo de 1000 dados de cada vez e armazená-los na matriz de saída em sequência. Quando os dados do ficheiro são processados para 100.000, o ficheiro é alterado e outro ficheiro é lido e resolvido. Finalmente, os resultados do processamento de 5 ficheiros são armazenados num novo ficheiro para saída. Os gráficos caraterísticos de cada domínio temporal são os seguintes :

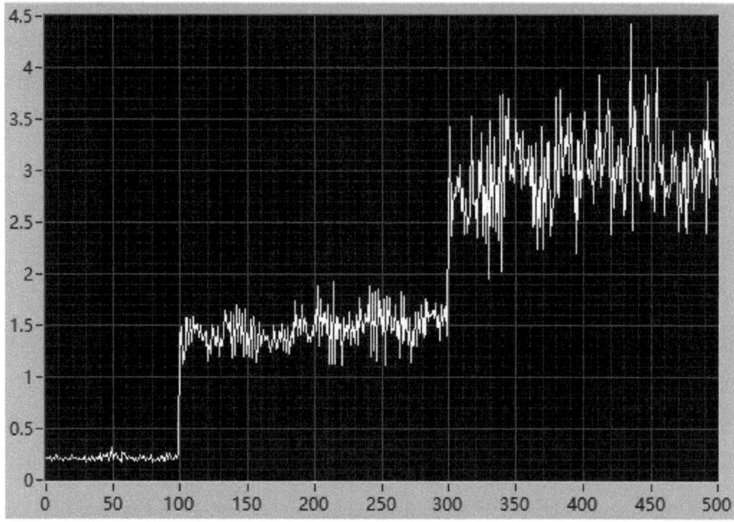

(a) Máximo

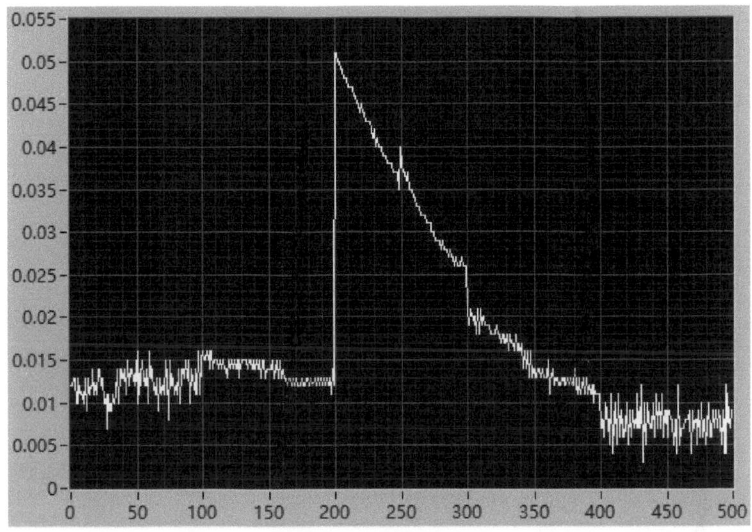

(b) Média aritmética

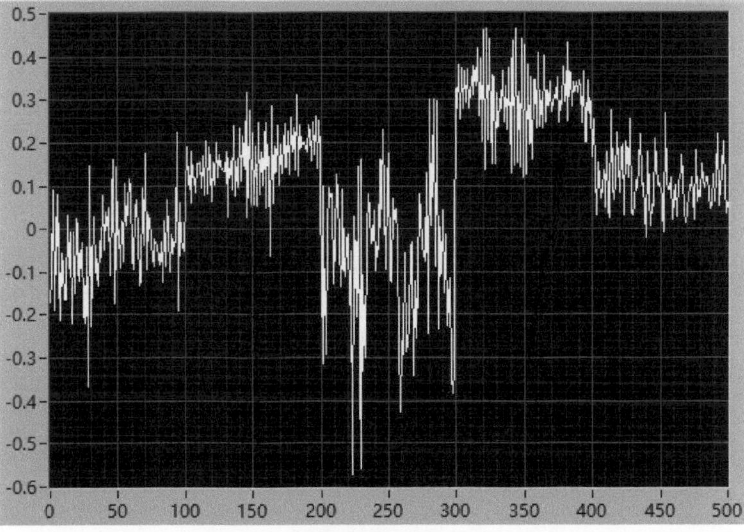

(c) Assimetria

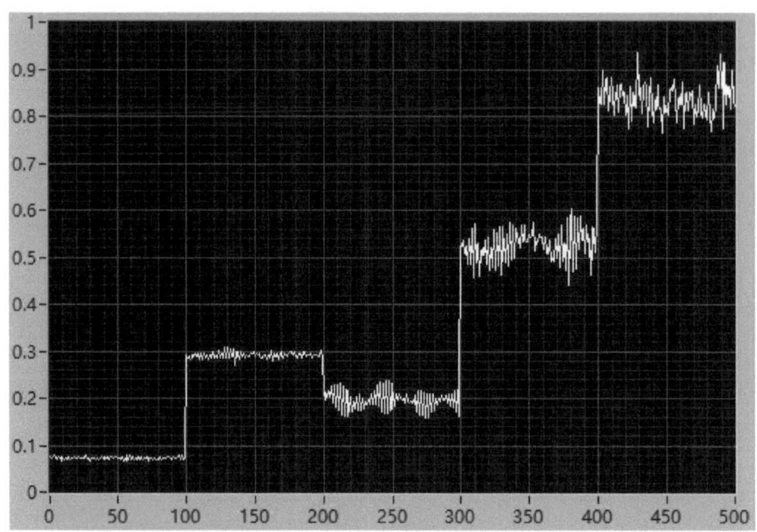

(d) RMS

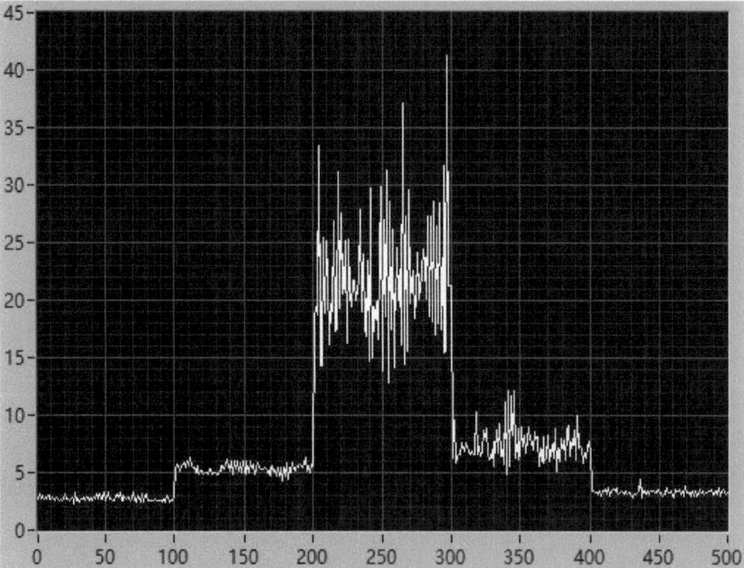

(e) Curtose

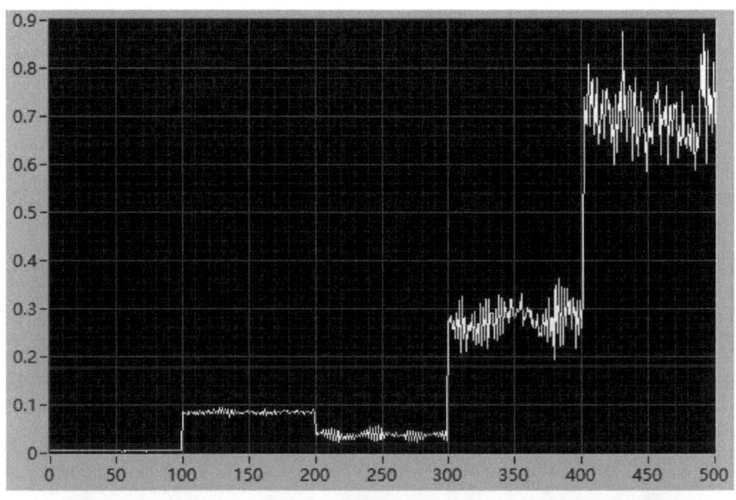

(f) Desvio

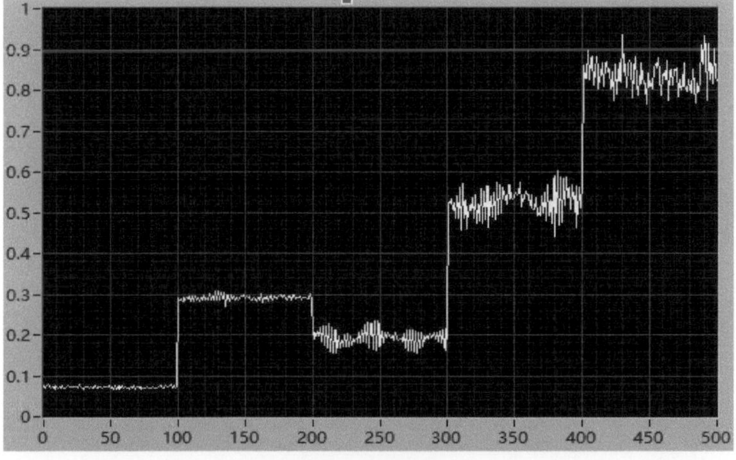

(g) Desvio-padrão

Fig.8.4 Ecrã de caraterísticas no domínio do tempo

A partir da Figura 8.4, entre os indicadores do domínio do tempo acima mencionados, o valor máximo, a média aritmética, a assimetria, a raiz do quadrado médio, a curtose, a variância e o desvio padrão, o valor máximo, a raiz do quadrado médio, a variância e o desvio padrão podem ser utilizados para representar as caraterísticas de degradação da chumaceira, que são consistentes com as caraterísticas do domínio do tempo selecionadas na

Secção 8.1.2. Por conseguinte, a seleção das caraterísticas do domínio do tempo é razoável.

Os gráficos das caraterísticas do domínio da frequência são os seguintes

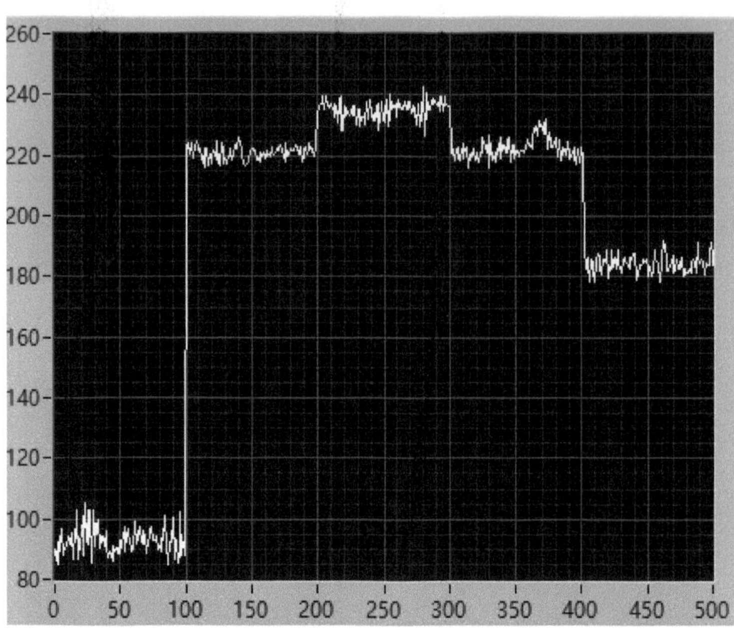

(a) Frequência central

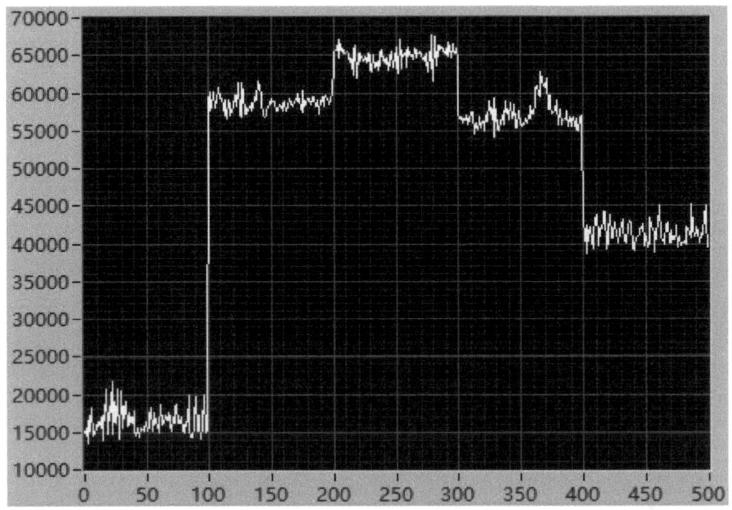

(b) (b) Frequência quadrada média

Fig.8.5 Caraterísticas no domínio da frequência

8.4.2.2 Fusão de caraterísticas baseada em SOM

Através das caraterísticas de degradação obtidas acima, o vetor de caraterísticas é formado da seguinte forma $[F_1, F_2, F_3, F_4, F_5, F_6]$, em que F_1 a F_6 são o valor máximo, a raiz do valor quadrático médio, a variância, o desvio padrão, a frequência central e a frequência quadrada média, respetivamente. O vetor de caraterísticas é utilizado como dados para gerar um ficheiro de teste para o treino do SOM e, finalmente, é gerado um conjunto de dados 6*500, sendo as primeiras 400 colunas de dados utilizadas para treino e as últimas 100 colunas utilizadas para teste. Nas 400 colunas de dados de treino, o número de dados utilizados em cada ficheiro é 80, e nas 100 colunas de dados de teste, o número de dados utilizados em cada ficheiro é 20.

A utilização da rede SOM para a fusão de caraterísticas e a construção da curva de degradação do HI são as seguintes

(1) Em primeiro lugar, as caraterísticas de degradação obtidas são utilizadas para construir vectores de caraterísticas e formar um conjunto de dados.

(2) O conjunto de dados é normalizado e dividido em conjunto de treino e conjunto de teste . Aqui, o conjunto de treino seleciona as primeiras 400 colunas de dados no ficheiro de teste e as últimas 100 colunas de dados são utilizadas como conjunto de teste.

(3) As redes SOM são treinadas. O número de neurónios na camada de entrada da rede SOM é definido como 6, de acordo com o número de caraterísticas sensíveis, a dimensão da camada de saída é definida como 6* 5 e o número de vezes de treino é definido como 200.

(4) Calcula-se a distância entre cada vetor próprio e o vetor de peso ótimo dos neurónios dos dados normais e constrói-se a curva HI com base nisso.

Por uma questão de conveniência, as categorias 1, 2, 3, 4 e 5 representam 97.mat, 105.mat, 169.mat, 209.mat e 3001.mat, respetivamente.

Os resultados finais dos testes são os seguintes.

Os resultados do treino SOM são apresentados na Tabela 8.1:

Tabela 8.1 Resultados do treino SOM

Categoria de amostra	Número do neurónio vencedor
1	4.10
2	22, 29, 30
3	12, 17, 18
4	9, 15, 19, 20, 26, 27
5	1, 2, 3, 7, 13

O diagrama da estrutura topológica do neurónio de saída e o método de ligação dos neurónios são apresentados na Figura 8.6 e na Figura 8.7, respetivamente:

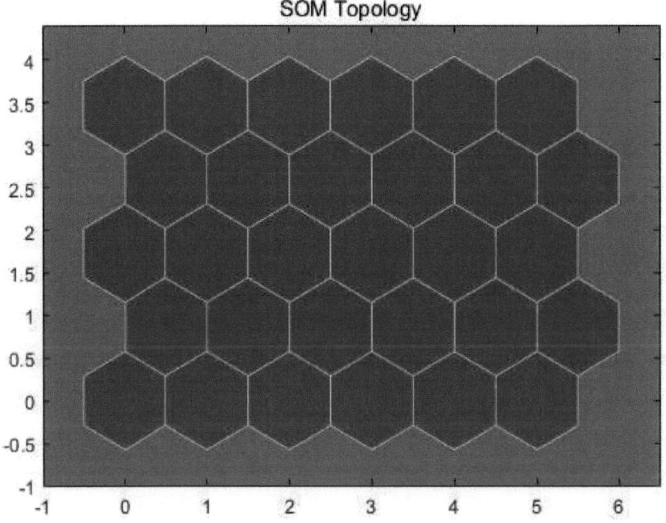

Fig.8.6 Topologia do neurónio de saída

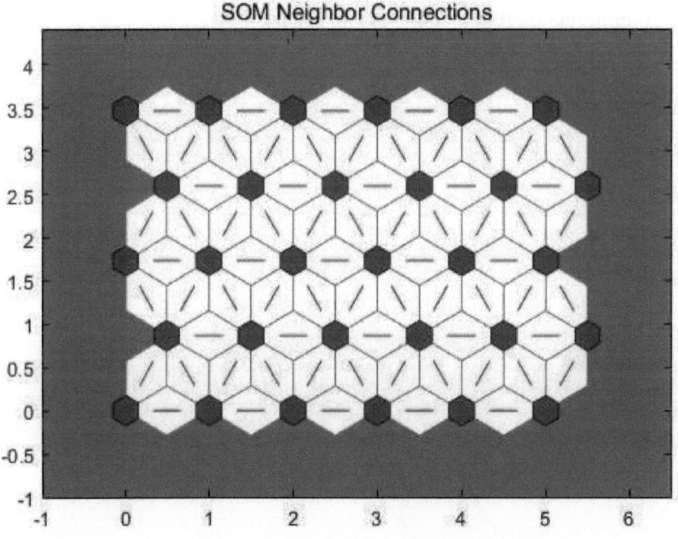

Fig.8.7 Modo de ligação do neurónio de saída

As distâncias entre os neurónios são apresentadas na Figura 8.8:

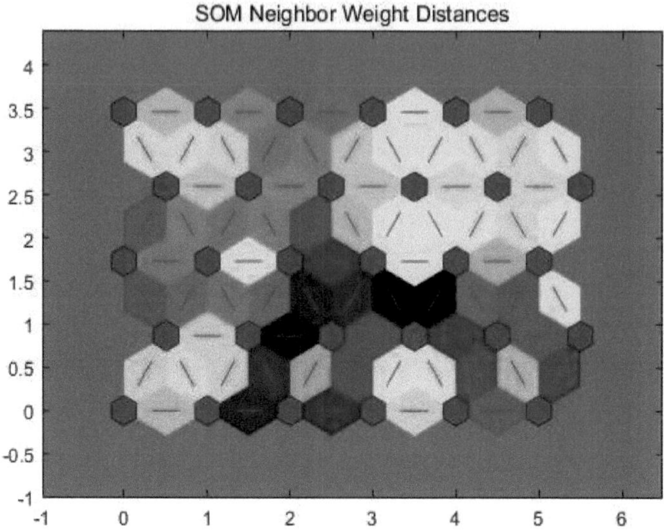

Fig.8.8 Distância entre neurónios adjacentes

A topologia da rede é mostrada na Figura 8.9:

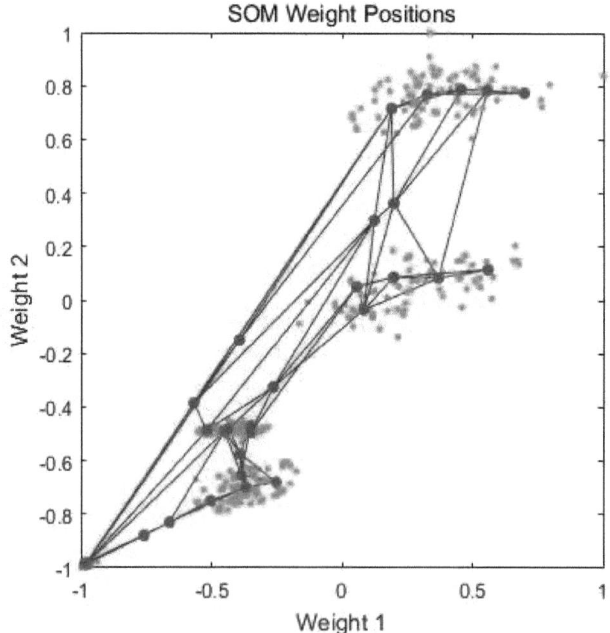

Fig.8.9 Topologia da rede

O vetor de peso correspondente a cada neurónio é:

Tabela 8.2 Vetor de peso de cada neurónio

Número de neurónios	Vetor de peso					
1	0.7454	0.7839	0.6437	0.7625	0.2783	0.0112
2	0.3220	0.7791	0.7100	0.7578	0.2904	0.0197
3	-0.3916	-0.1821	-0.2255	-0.2148	-0.3332	-0.4399
4	-0.9854	-0.9839	-0.9974	-0.9836	-0.7751	-0.7430
5	-0.9808	-0.9862	-0.9972	-0.9863	-0.9059	-0.9017
6	-0.9764	-0.9844	-0.9972	-0.9845	-0.9555	-0.9494
7	0.4737	0.7931	0.5416	0.7724	0.2495	0.0511
8	0.0204	0.3204	0.1695	0.3042	0.0939	-0.0970
9	-0.5520	-0.4502	-0.5351	-0.4484	-0.3757	-0.4495
10	-0.9845	-0.9883	-0.9975	-0.9881	-0.8575	-0.8482
11	-0.6167	-0.8152	-0.9528	-0.8176	0.1732	0.1636
12	-0.4707	-0.7511	-0.9418	-0.7218	0.8945	0.8623
13	0.1925	0.7148	0.5070	0.7809	0.2443	0.0169
14	0.5927	0.7471	-0.2449	0.8232	0.7195	-0.0105
15	-0.0888	-0.0480	-0.3272	0.0036	0.3178	0.1644
16	-0.3646	-0.4091	-0.6690	-0.3363	0.1324	0.0479
17	-0.2517	-0.6680	-0.9100	-0.6793	0.9119	0.8837
18	-0.3667	-0.6851	-0.9172	-0.7139	0.9077	0.9048
19	0.5213	0.8207	-0.4142	0.1757	0.7535	0.1153
20	0.2514	0.0107	-0.4209	0.1094	0.7478	0.5877
21	0.0330	-0.0369	-0.4554	0.1070	0.7695	0.6161
22	-0.2402	-0.3315	-0.6929	-0.3136	0.7483	0.6574
23	-0.4023	-0.5923	-0.8689	-0.5937	0.8152	0.7753
24	-0.4113	-0.6224	-0.8839	-0.6245	0.8391	0.8048

25	0.5273	0.1120	-0.3254	0.0169	0.7469	0.6342
26	0.3119	0.0917	-0.3193	-0.0093	0.7304	0.6375
27	0.1436	0.0761	-0.3580	-0.0241	0.7292	0.5904
28	0.0566	0.0506	-0.3799	-0.6556	0.9262	0.6230
29	-0.3672	-0.4800	-0.8126	-0.4786	0.7241	0.6631
30	-0.4710	-0.4849	-0.8157	-0.4838	0.7228	0.6638

A partir da Tabela 8.1, o neurónio 4 é selecionado como o neurónio ótimo para obter o MQE. O seu vetor de pesos correspondente é [-0,9854, -0,9839, -0,9974, -0,9836, -0,7751, -0,7430], e os dados de caraterísticas normalizados são utilizados na obtenção de MQE. A curva HI é a seguinte, em que são utilizados 80 dados para cada grupo.

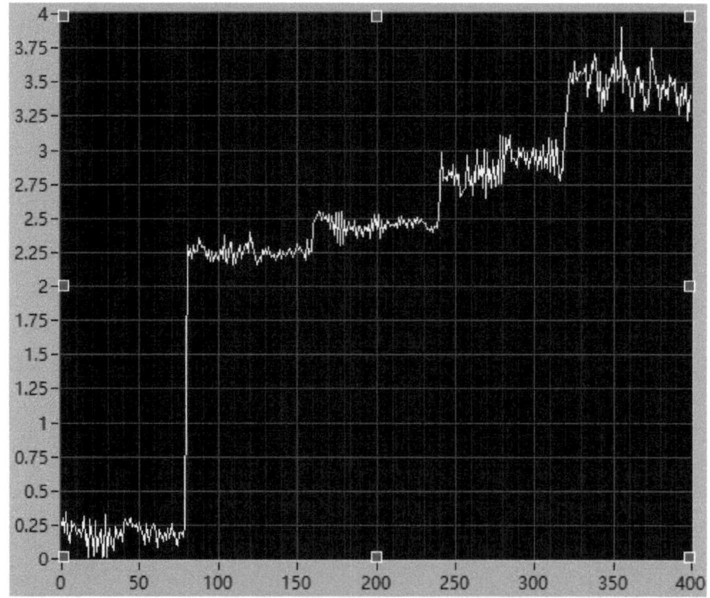

Fig.8.10 Curva de degradação HI

Uma vez que os dados utilizados aqui não são sinais de tempo contínuo, mas sinais normais e vários sinais de falha, há uma mudança repentina do 80º dado para o 81º dado.

8.4.3 Previsão do estado de saúde com base em LSTM

Para verificar a exatidão da previsão do estado do servo-sistema baseada na rede LSTM, o conjunto de treino da rede LSTM é selecionado como os primeiros 360 dados da curva de degradação H I e os últimos 40 dados são utilizados para teste.

Ao mesmo tempo, os parâmetros da rede LSTM foram inicialmente definidos da seguinte forma: o número de neurónios da camada de entrada e o número de neurónios de saída foram ambos definidos para 1, o número de unidades ocultas foi definido para 200, o limiar do gradiente foi definido para 1, a taxa de aprendizagem inicial foi de 0,005 e foram efectuados 250 treinos. Os resultados do treino são os seguintes:

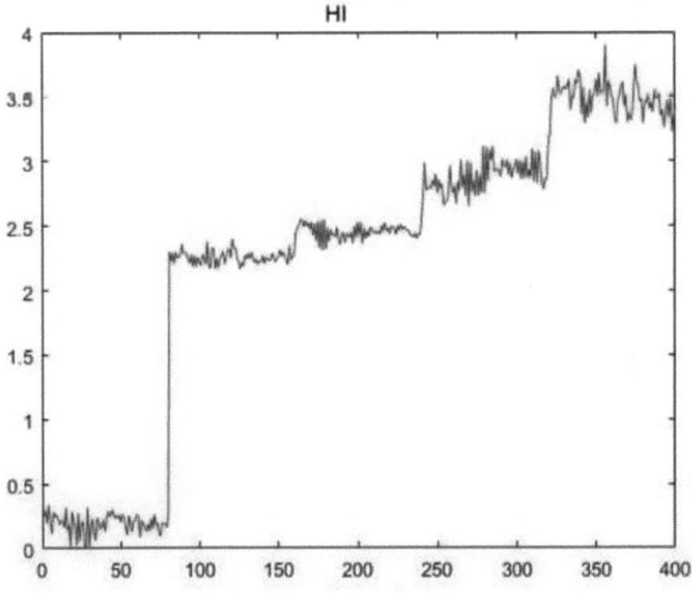

Fig.8.11 Gráfico original da curva HI

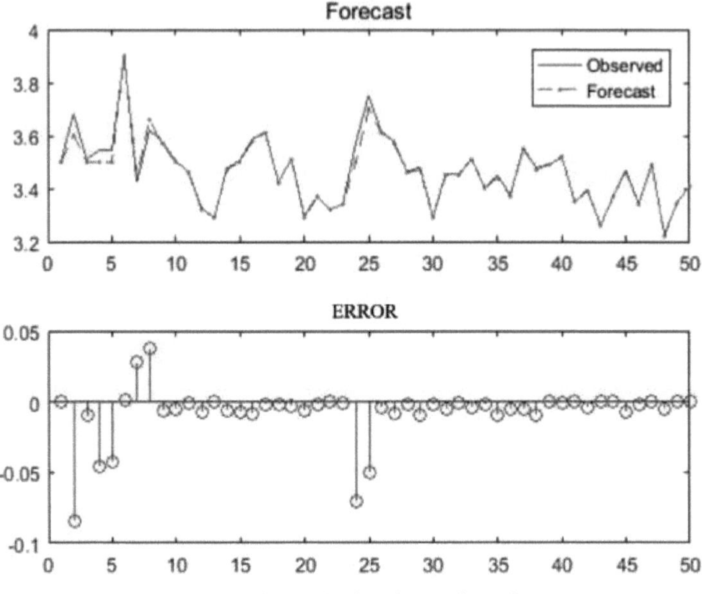

Fig.8.12 Gráfico de resultados da previsão de um passo

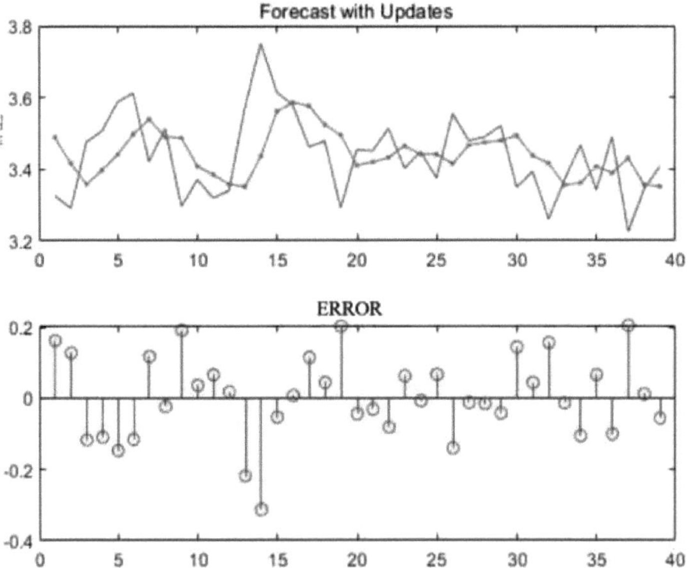

Fig.8.13 Gráfico de resultados da previsão em várias etapas

Nas Figuras 8.12 e 8.13, os valores a azul são os valores reais e os valores a vermelho são os valores previstos. Pode ver-se que a previsão numa única etapa da rede LSTM se ajusta muito bem à curva de degradação do HI e que a previsão em várias etapas também se ajusta basicamente à curva de degradação do HI.

A raiz do erro quadrático médio (RMSE) da previsão numa única etapa é de 0,0151 e a raiz do erro quadrático médio (RMSE) da previsão em várias etapas é de 0,1060. Como se pode ver na figura acima, o método proposto consegue prever corretamente a curva HI. Por conseguinte, o método de previsão de avarias proposto, baseado no SOM e no LSTM, consegue prever corretamente a avaria do servo-sistema.

8.5 Resumo

Este capítulo estuda o método de previsão de falhas do servo-sistema de radar. Com base nas caraterísticas de degradação do sinal, é construído o vetor de caraterísticas. O conjunto de séries temporais construído pelo vetor de caraterísticas é utilizado como dados de treino, e a rede SOM é utilizada para a fusão de caraterísticas. O vetor de pesos do neurónio ótimo do sinal normal é utilizado principalmente como referência para obter a distância entre o vetor de caraterísticas e o vetor de pesos do neurónio ótimo em cada momento, e desenhar posteriormente a curva de degradação HI. Os dados da curva de degradação HI são utilizados como entrada da rede LSTM para treinar a rede LSTM e prever o valor futuro da curva HI, realizando assim a previsão de falhas do sistema servo do radar. Finalmente, a viabilidade do método é verificada através de experiências.

Capítulo 9 Implementação de um sistema de diagnóstico e previsão de avarias baseado num instrumento virtual

9.1 Tecnologia de instrumentos virtuais

9.1.1 Introdução e desenvolvimento de instrumentos virtuais

No século XIX, a NI desenvolveu uma nova tecnologia que substituiu os instrumentos experimentais do mundo real por instrumentos virtuais combinados com computadores. Trata-se de uma ferramenta que pode substituir os testes e medições tradicionais de acordo com as necessidades do utilizador. As ferramentas virtuais visuais são muito poderosas e flexíveis. Combinam a tecnologia de conceção de software existente e a tecnologia informática com módulos de hardware de elevado desempenho. Os utilizadores podem modificar ou configurar os módulos de acordo com os seus próprios requisitos de ensaio. Tais como processamento de imagem e funções de aquisição de dados, funções de análise e funções de controlo. A escrita de programas de software é a chave para todo o sistema.

Essencialmente, os instrumentos virtuais combinados com software de computador podem realizar muitas funções, como a aquisição, o processamento e a saída de sinais, que os instrumentos tradicionais não possuem. A caraterística mais notável dos instrumentos virtuais é a sua virtualidade, nomeadamente:

(1) Painel de controlo virtual

Os instrumentos de medição tradicionais têm nos seus painéis todos os botões e controlos que existem na realidade. No entanto, os instrumentos virtuais podem substituir estes objectos físicos, colocando botões, interruptores, formas de onda e outros instrumentos virtuais nos seus painéis frontais. O método de colocação é simples e a facilidade de utilização é elevada.

(2) Medição, ensaio e análise virtuais

Existem dois tipos de ferramentas de instrumentos virtuais: recursos de hardware e recursos de software. O processamento de dados de instrumentos tradicionais é implementado através de sistemas de hardware físicos, enquanto os instrumentos virtuais apenas necessitam de colocar os controlos funcionais correspondentes no painel de programas para substituir o sistema de hardware real. Por exemplo, o controlo do filtro no painel do programa pode substituir o filtro real e o programa de amplificação pode substituir o amplificador real. Isto poupa muitos recursos de hardware e também poupa muitos custos experimentais. Os instrumentos virtuais são poderosos. Eliminam as barreiras ao intercâmbio de dados entre instrumentos tradicionais e computadores e podem utilizar plenamente as funções da tecnologia informática e dos instrumentos de medição. São um meio técnico mais prático e versátil. Combinando o hardware correspondente, podem simular as funções de vários instrumentos de medição, tais como analisadores, cartões de aquisição, geradores de sinal, etc., poupando grandemente os custos da investigação científica. E a sua programação é muito simples em comparação com outras linguagens. Tem as vantagens notáveis de um tempo de desenvolvimento curto, forte funcionalidade e boa escalabilidade. À medida que as suas funções se tornam cada vez mais perfeitas, a sua aplicação está a tornar-se cada vez mais extensa, sendo cada vez mais utilizada nos domínios das comunicações, eletrónica, automação, automóveis, etc.

9.1.2 Introdução à plataforma de software do sistema Labview

O Labview é uma linguagem baseada em G (linguagem gráfica, uma linguagem de programação gráfica). Tem sido amplamente utilizada por engenheiros e investigadores nos domínios dos ensaios industriais, da investigação académica, etc. Através dele, os investigadores podem concluir o trabalho de investigação científica de forma mais eficiente, como a aquisição de dados, o processamento de sinais, etc. A linguagem G utilizada no software é uma linguagem gráfica. A sua ideia principal é utilizar o fluxo de dados para executar programas. Comparada com outras linguagens, é mais intuitiva e fácil de aprender. Ao mesmo tempo, a sua própria biblioteca de software tem um grande número de funções que podem ser aplicadas à aquisição, análise e armazenamento de dados, para que os principiantes não precisem de memorizar demasiado as funções de cada função, e apenas precisem de utilizar estas funções de forma cruzada para alcançar as funções correspondentes. Ao mesmo tempo, pode ser ligado a uma variedade de linguagens populares, como a chamada de programas MATLAB, programas Python, etc.

O aparecimento do LabVIEW melhorou consideravelmente a eficiência do desenvolvimento de instrumentos virtuais e permitiu poupar muitos custos. Enquanto ferramenta de desenvolvimento de programação gráfica, o LabVIEW distingue-se de outro software de desenvolvimento que exige que os programadores sejam difíceis de utilizar. É muito fácil de utilizar e de aprender, o que pode motivar mais os programadores.

9.2 Composição do sistema

Este documento utiliza a plataforma de software LabVIEW para implementar a aquisição de sinais, o diagnóstico de avarias e a previsão de avarias de partes importantes do sistema servo de radar, a monitorização em tempo real, a aquisição e o processamento de vários sinais e fornece resultados de diagnóstico e previsão. Os utilizadores podem determinar a localização da avaria com base nas informações apresentadas na interface do software para localizar e prever com precisão a avaria.

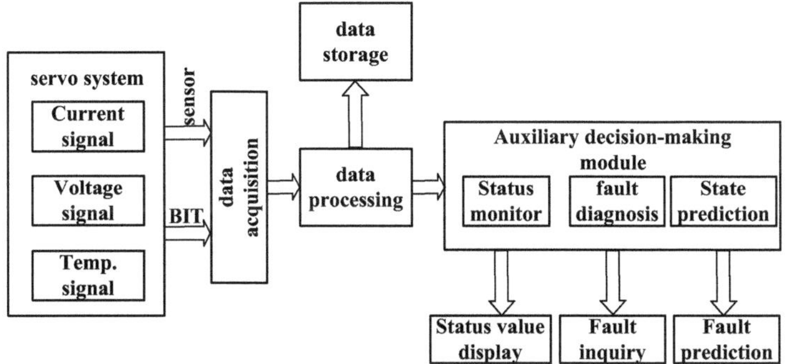

Fig. 9.1 Fluxograma do sistema de software

9.3 Sistema de diagnóstico e previsão de falhas do sistema servo de radar baseado em Labview

Este sistema inclui principalmente funções como o início de sessão do utilizador, a apresentação de informações sobre o equipamento, as definições do sistema, a recolha de dados, a monitorização do equipamento, o diagnóstico e a previsão de falhas, e a base de dados utilizada é a base de dados SQL Server.

9.3.1 Interface de início de sessão do sistema

A fim de evitar que pessoal ilegal possa utilizar o software à vontade, é criado um sistema de início de sessão. O reconhecimento da identidade deve ser efectuado antes de entrar no sistema. Só após o reconhecimento bem sucedido é que se pode aceder à interface de funcionamento do sistema. A interface de início de sessão inclui principalmente o nome de utilizador, a palavra-passe, o início de sessão do sistema e a saída do sistema. A interface é a seguinte:

Fig.9.2 Interface de início de sessão do utilizador

A interface de login do sistema é mostrada na Figura 9.2. Antes de entrar na interface específica do programa, o utilizador deve iniciar sessão com êxito, ou seja, a conta e a palavra-passe devem corresponder antes de entrar na interface específica do programa. A conta e a palavra-passe são armazenadas na base de dados. Se o início de sessão estiver errado, aparece uma mensagem de falha de início de sessão para lembrar o utilizador de iniciar sessão novamente.

9.3.2 Interface de informação do dispositivo

Esta interface apresenta principalmente informações relevantes sobre o dispositivo, incluindo o modelo do dispositivo, o tempo de produção, o fabricante, as informações de contacto, etc. Desta forma, quando o dispositivo falhar e não conseguir resolver o problema sozinho, pode contactar o fabricante com base nestas informações para o resolver em conjunto.

Esta interface também tem a função de armazenar as informações sobre o estado atual do dispositivo, que é utilizado principalmente para armazenar as informações sobre o estado de cada dispositivo durante a recolha de dados, conforme necessário. Ao analisar estas informações sobre o estado do dispositivo e os dados recolhidos correspondentes, a base de conhecimentos do diagnóstico de avarias ao nível do módulo pode ser alargada. A base de dados utilizada para armazenar as informações sobre o estado atual do dispositivo chama-se Fault Diagnosis (Diagnóstico de falhas) e o nome da tabela é Table_1. Para visualizar os registos durante os testes de software, utilizar o software Microsoft SQL para abrir a base de dados, o tipo de servidor é o motor da base de dados, o nome do servidor é DESKTOP-TTP1UI4 e o método de autenticação é a autenticação do Windows.

9.3.3 Definições do sistema

O módulo de definições do sistema divide-se principalmente em duas funções principais: configuração do sistema e configuração de parâmetros. A configuração do sistema pode ainda ser dividida em funções de cópia de segurança e recuperação de dados e de gestão de utilizadores.

9.3.3.1 Cópia de segurança e recuperação de dados

A função de cópia de segurança e recuperação de dados pode fazer cópias de segurança de ficheiros de qualquer formato para a base de dados. Tendo em conta que os dados armazenados no computador ocupam muitos recursos do computador se não forem apagados sempre que são recolhidos, pode selecionar um ou vários dias de dados para os empacotar e comprimi-los num ficheiro e armazená-los no ficheiro de tabela conforme necessário.

A função de recuperação de dados é efectuada através do software visual Microsoft SQL. De acordo com o conteúdo da descrição do ficheiro, depois de encontrar o ficheiro a ser transferido, introduza o nome do ficheiro a ser restaurado na posição correspondente e selecione o caminho para guardar, e os dados podem ser recuperados.

9.3.3.2 Gestão de utilizadores

A função de gestão de utilizadores consiste principalmente em adicionar utilizadores à base de dados e em eliminar informações de utilizadores na base de dados. O nome da tabela utilizada é Gestão de utilizadores. Ao adicionar um utilizador, é necessário determinar primeiro se o utilizador existe na base de dados. Se o utilizador já existir, é-lhe perguntado se o utilizador já existe; se o nome de utilizador estiver vazio, é-lhe pedido que introduza o nome de utilizador. Ao mesmo tempo, este software configura o superutilizador 123. Quando a base de dados de utilizadores está vazia, o utilizador 123 ainda pode iniciar sessão.

9.3.4 Recolha de dados do sistema

A interface de aquisição de dados inclui quatro sub-interfaces, nomeadamente a interface de aquisição de tensão, a interface de aquisição de corrente, a interface de aquisição de sinais de vibração e a interface de aquisição de temperatura. Cada interface apresenta cada sinal de aquisição em tempo real. Neste caso, é utilizado um sinal de simulação sinusoidal para simular a aquisição de sinais de tensão (os sinais de corrente e os sinais de vibração são semelhantes e não serão aqui demonstrados). É utilizada uma forma de onda VI mista de frequência única e ruído. A comutação da interface deste sistema de software é efectuada através da barra de navegação e do menu superior esquerdo. A interface de simulação é a seguinte:

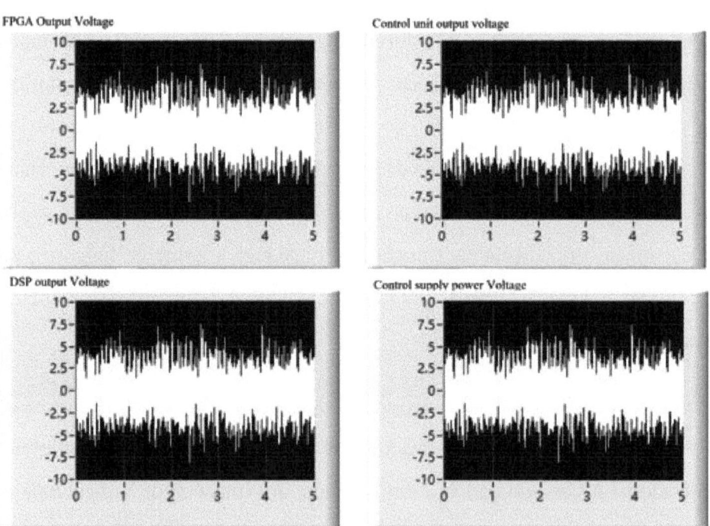

Fig.9.3 Interface de aquisição de tensão e visualização em tempo real

O sistema guarda automaticamente os dados de cinco em cinco segundos. O formato dos dados é uma folha de cálculo com separadores.

Quando guardados automaticamente, o sufixo do ficheiro é .xls. O VI é gerado automaticamente com números aleatórios e a temperatura simulada é apresentada em tempo real.

9.3.5 Monitorização do equipamento do sistema

O sistema de monitorização do equipamento inclui principalmente duas funções: leitura de dados históricos e feedback de alarme .

A leitura de dados históricos consiste em ler ficheiros históricos locais para apresentar informações de sinal relevantes para a análise de dados subsequente. Aqui, um ficheiro guardado na simulação acima é lido para visualização, e a sua interface é a seguinte:

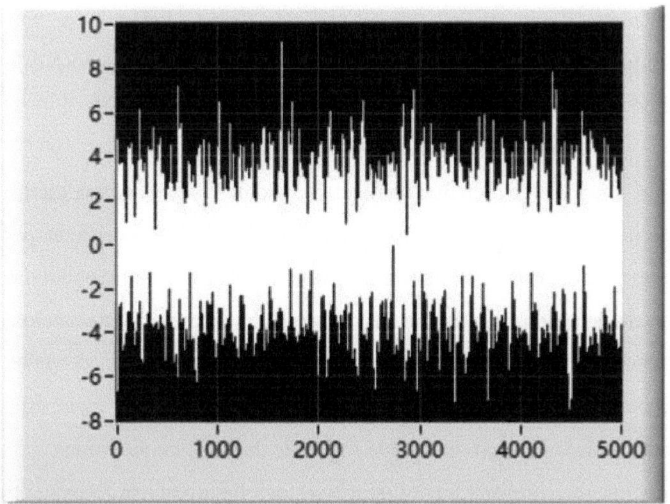

Fig.9.4 Interface de leitura de dados históricos

O feedback de alarme ocorre principalmente quando um determinado indicador do sinal excede o limiar definido durante a aquisição em tempo real e, em seguida, a luz indicadora de alarme correspondente acende-se para lembrar o utilizador da falha. Aqui, o sinal analógico é comparado com o limiar predefinido.

9.3.6 Diagnóstico de falhas do sistema

O método de diagnóstico de avarias proposto neste documento divide-se em três níveis: diagnóstico de avarias ao nível do módulo, diagnóstico de avarias ao nível da placa e diagnóstico de avarias ao nível dos componentes. Por conseguinte, o sistema de diagnóstico de avarias está também dividido em três métodos de processamento, que correspondem a diferentes níveis de diagnóstico. O diagnóstico de avarias ao nível do módulo é implementado com base na árvore de avarias e no sistema pericial. O diagnóstico de avarias ao nível da placa baseia-se na análise da correlação entre o sinal recolhido e o sinal normal. O diagnóstico de avarias ao nível dos componentes baseia-se no domínio temporal de cada sinal. Com base nas caraterísticas e nas caraterísticas do domínio da frequência, é construído um mapa de caraterísticas do estado, que é utilizado como conjunto de treino e introduzido na rede neural para treino. Os métodos de implementação de cada método de diagnóstico são descritos de seguida.

(1) Diagnóstico de avarias a nível do módulo

O diagnóstico de falhas ao nível do módulo é um programa escrito com base no princípio da combinação da árvore de falhas e do sistema pericial. Compara principalmente as caraterísticas de falha do sinal recolhido com o conhecimento na base de conhecimento. Ao comparar as caraterísticas, o dicionário é percorrido. Quando todas as caraterísticas de falha são percorridas, o raciocínio termina. Aqui, os dados dos três dicionários são armazenados na tabela da base de regras de diagnóstico de avarias.

Quando a informação dos pontos de teste é introduzida no painel frontal de diagnóstico de avarias ao nível do módulo, o software percorre toda a tabela de base de regras de diagnóstico de avarias e apresenta os resultados do diagnóstico de avarias e as sugestões de manutenção correspondentes, se as condições coincidirem. Se não houver correspondência, a sugestão de manutenção indicará que não foi encontrada qualquer falha correspondente.

(2) Resolução de problemas a nível da direção

O diagnóstico de avarias ao nível da placa utiliza a análise de correlação entre os sinais de avaria e os sinais normais, compara o coeficiente de correlação obtido com o limiar e, em seguida, obtém o resultado do diagnóstico de avarias.

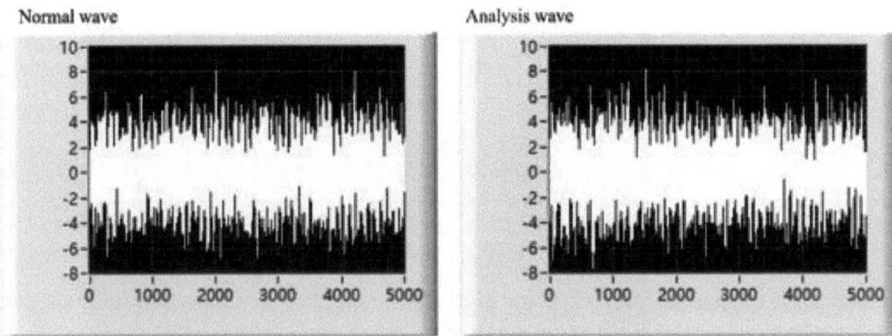

Fig.9.5 Diagrama de interface do diagnóstico e teste de falhas ao nível da placa

(3) Diagnóstico de falhas ao nível do componente

O diagnóstico de falhas ao nível do componente consiste em construir uma matriz de caraterísticas com base na obtenção das caraterísticas do domínio do tempo e das caraterísticas do domínio da frequência do sinal, de modo a construir o diagrama de estado das caraterísticas. O diagrama de estado das caraterísticas é utilizado como entrada e introdução na rede neural para treino, a fim de obter o resultado do diagnóstico de avarias. Segue-se um diagrama da interface de teste da extração de caraterísticas no domínio do tempo e da extração de caraterísticas no domínio da frequência do diagnóstico de avarias de componentes.

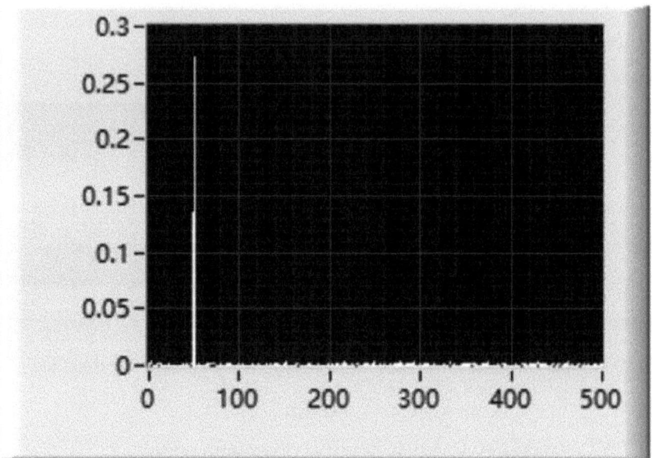

Fig.9.6 Diagrama de interface do diagnóstico e teste de falhas de componentes

9.3.7 Previsão de falhas do sistema

A previsão de avarias baseia-se na obtenção das caraterísticas do sinal no domínio do tempo e da frequência, utilizando o SOM para fundir as caraterísticas das avarias, obtendo depois a distância entre cada vetor de caraterísticas e o vetor de peso ótimo do neurónio, e construindo a curva HI. Finalmente, os dados da curva HI são utilizados como entrada e introduzidos na rede LSTM para treino, a fim de obter o resultado final da previsão. A parte de previsão de falhas deste software é escrita chamando o programa MATLAB. Aqui, os dados utilizados em 5.3.3 são utilizados para testar a extração de caraterísticas e a interface de extração de caraterísticas é a seguinte

Signal spectrum

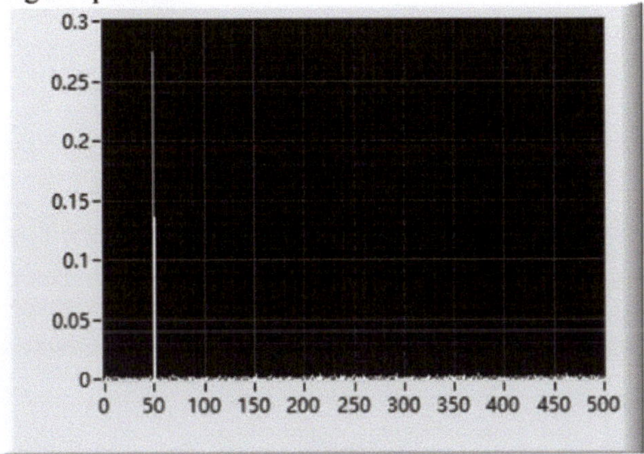

Fig.9.7 Diagrama de interface do teste de aquisição de caraterísticas de previsão de falhas

A formação SOM é testada utilizando os dados do conjunto de dados públicos water_data.mat . O número de conjuntos de treino é definido para 35, o número de conjuntos de teste é definido para 4, o número de neurónios de saída é definido para 4* 4 e o número de iterações é definido para 200.

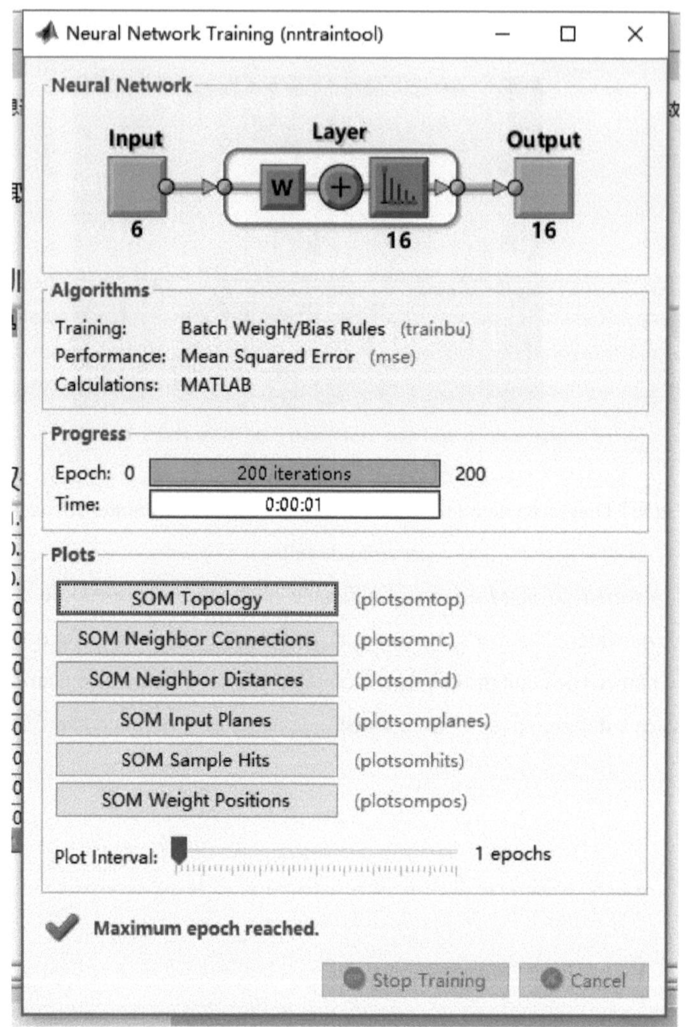

Fig.9.8 Mapa de resultados do treino SOM

Segue-se o resultado do treino SOM para obter a curva de degradação HI e introduzi-la na rede LSTM para treino. A curva HI é utilizada para testar, e os resultados do teste são os seguintes:

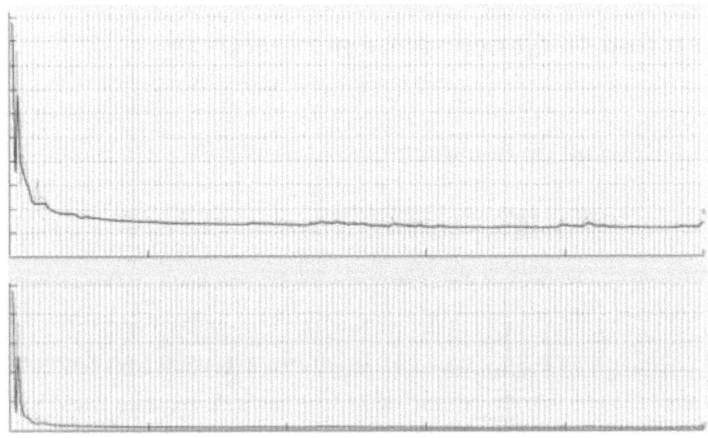

Fig.9.9 Gráfico de teste do treino LSTM

Uma vez que o Matlab pode apresentar várias curvas de forma mais clara, o Matlab continua a ser utilizado para a apresentação final. O gráfico do resultado da visualização prevista é o mesmo que o do ponto 4.4 e não é apresentado aqui.

9.4 Resumo

Este capítulo introduz principalmente as informações relacionadas com os instrumentos virtuais, explica o diagrama do processo comercial do sistema de software e a estrutura geral do sistema. O software é utilizado para implementar funções como a configuração do sistema, a recolha de dados, a monitorização da configuração, o diagnóstico de falhas e a previsão de falhas. Ao mesmo tempo, a usabilidade do software é explicada através da apresentação de simulações e do processamento de dados reais.

Capítulo 10 Conclusões e perspectivas

10.1 Resumo do documento

Este artigo estuda as principais tecnologias do motor síncrono de ímanes permanentes diagnóstico de avarias de curto-circuito de volta a volta e previsão da vida útil do enrolamento , verifica e compara os métodos de investigação adoptados e concebe e desenvolve um sistema de diagnóstico de avarias e previsão da vida útil do motor através do software LabVIEW e SQL Server. O trabalho de investigação específico é resumido da seguinte forma:

(1) O princípio básico e o modelo matemático do motor síncrono de ímanes permanentes são introduzidos. É construído um modelo de motor síncrono de ímanes permanentes com defeito de curto-circuito de rotação para rotação utilizando o MATLAB/Simulink. Após a ocorrência de um defeito de curto-circuito de rotação para rotação, a corrente do estator é selecionada como caraterística de defeito para detetar com precisão o defeito de curto-circuito de rotação para rotação do motor síncrono de ímanes permanentes.

(2) Para que o motor síncrono de ímanes permanentes funcione de forma segura, fiável e estável, é muito necessário efetuar um diagnóstico preciso das avarias. Propõe-se um método de diagnóstico de avarias de curto-circuito de curva a curva baseado no IVMD-MPFE-IBiLSTM. Em primeiro lugar, o conjunto de dados de simulação da corrente do estator é obtido utilizando o modelo matemático de curto-circuito do motor síncrono de ímanes permanentes, e os parâmetros do VMD são optimizados utilizando o algoritmo do lobo cinzento; em seguida, os dados são granulados de forma grosseira para obter caraterísticas multi-escala, e a análise de componentes principais é utilizada para a redução da dimensionalidade. Os dados de dimensão reduzida são utilizados como dados de amostra para a classificação de falhas; por fim, o BiLSTM é utilizado para treinar e analisar o conjunto

de teste, e a taxa de aprendizagem e o número de nós da camada oculta do BiLSTM são optimizados pelo algoritmo da baleia para melhorar a precisão do diagnóstico do algoritmo. Finalmente, a precisão e a eficácia do algoritmo no diagnóstico de avarias são verificadas através de experiências.

(3) É proposto um método de previsão da vida útil do enrolamento do motor síncrono de ímanes permanentes baseado na CNN-ISVM. Os princípios básicos e as estruturas das redes neurais convolucionais e das máquinas de vectores de suporte são apresentados em pormenor e o método de previsão da vida útil do enrolamento do motor síncrono de ímanes permanentes baseado na CNN-ISVM é verificado através de experiências de simulação. Comparando este modelo com outros métodos, conclui-se que o método de previsão da vida útil do enrolamento do motor síncrono de ímanes permanentes baseado na CNN-ISVM é mais preciso, tem melhor desempenho e está mais de acordo com a situação real. Pode ser aplicado à previsão da vida útil de outros componentes electrónicos, melhorando assim a capacidade de generalização da previsão.

(4) A plataforma de desenvolvimento de software é apresentada em pormenor e a estrutura do sistema de diagnóstico de avarias e de previsão de vida útil do motor é concebida. Combinando os conteúdos de investigação do capítulo 2, do capítulo 3 e do capítulo 4, o sistema de diagnóstico de avarias e de previsão da vida útil do motor é concebido e desenvolvido utilizando os softwares LabVIEW e SQL Server, realizando funções como o início de sessão do utilizador, a adição de informações sobre o dispositivo, o diagnóstico de avarias e a previsão da vida útil. A fiabilidade e a facilidade de utilização do software são demonstradas através de experiências de simulação.

10.2 Outras perspectivas de investigação

Este documento efectua uma investigação aprofundada sobre as principais tecnologias de diagnóstico de avarias por curto-circuito entre espiras e de previsão da vida útil dos enrolamentos de motores síncronos de ímanes permanentes, mas ainda existem algumas lacunas.

(1) Apesar de ter sido construído um modelo de motor síncrono de ímanes permanentes com defeito de curto-circuito inversor no MATLAB/Simulink no Capítulo 2 do presente documento, o motor funciona num ambiente adverso e tem um longo tempo de funcionamento. Quando ocorre uma avaria de curto-circuito entre curvas no motor, a sua corrente estatórica também será afetada por outras interferências. Por conseguinte, podem existir algumas diferenças entre os dados da simulação e os dados reais. É necessária uma verificação mais aprofundada no futuro, com base em motores específicos, e é necessária a recolha de dados para mais motores.

(2) No diagnóstico de defeitos de curto-circuito entre espiras em motores síncronos de ímanes permanentes, foram utilizados dados de simulação para verificar os resultados. No futuro, serão necessários dados reais para verificar o método de diagnóstico de defeitos proposto no presente documento.

(3) Ao estudar a previsão da vida útil do enrolamento do motor síncrono de ímanes permanentes, foram utilizados dados públicos de envelhecimento das chumaceiras para verificação. Para promover a tecnologia de previsão da vida útil do enrolamento do motor síncrono de ímanes permanentes da teoria à prática, é necessário compreender melhor o envelhecimento do enrolamento do motor e realizar mais experiências de envelhecimento para recolher informações mais completas sobre o envelhecimento.

(4) A parte de aquisição de dados do sistema de diagnóstico de avarias e de previsão da vida útil do motor não foi testada no objeto real. Os dados utilizados pelo sistema são dados de simulação e dados públicos, e não dados reais. Para aplicar o sistema a projectos reais, são necessários testes, melhorias e aperfeiçoamentos a longo prazo para garantir a fiabilidade e a praticabilidade do sistema.

Referências

[1] Wang Jing, Wang Yubin. Análise do binário eletromagnético e otimização da estrutura da máquina síncrona de ímanes permanentes interiores com excentricidade do entreferro [J]. Energias,2023,16 (4).

[2] Lee YoonSeong, Choo KyoungMin, Jeong WonSang, Lee Chang Hee, Yi Junsin, Won ChungYuen. Um arranque virtual baseado na impedância considerando caraterísticas transitórias para sistemas de acionamento de máquinas síncronas de ímanes permanentes [J]. Energias,2023,16 (3).

[3] Bloomfield Hannah C., Wainwright Caroline M., Mitchell Nick. Caracterização da variabilidade e dos factores meteorológicos da produção de energia eólica e solar em África[J]. Aplicações Meteorológicas, 2022, 29 (5).

[4] Pan Liurong, Amin Asad, Zhu Nian, Chandio Abbas Ali, Naminse Eric Yaw, Shah Aadil Hameed. Explorando a influência assimétrica do crescimento económico, do preço do petróleo, do índice de preços no consumidor e da produção industrial sobre o défice comercial na China[J]. Sustainability,2022,14 (23).

[5] Tidblad Annika Ahlberg, Edström Kristina Hernández Guiomar,de Meatza Iratxe, Landa Medrano Imanol, Jacas Biendicho Jordi, Trilla Lluís, Buysse Maarten, Ierides Marcos,Horno Beatriz Perez,Kotak Yash, Schweiger Hans Georg Koch Daniel,Kotak Bhavya Satishbhai. Desenvolvimentos futuros de materiais para células de bateria de veículos elétricos atendendo às crescentes demandas de uma perspetiva do usuário final [J]. Energias,2021,14 (14).

[6] Li Pengcheng, Tian Wei, Hu Junshan, Li Bo, Wang Changrui. Investigação sobre a construção de ensino prático de compensação de precisão de robôs industriais para aplicações aeroespaciais [J]. Ciência e Tecnologia, 2022(35):23-25.

[7] Liliya I. Martinova,Nikolay V. Kozak,Ilya A. Kovalev,Aleksandr B. Ljubimov. Criação de componentes do sistema CNC para monitorar a

saúde da máquina-ferramenta [J]. O Jornal Internacional de Tecnologia de Fabricação Avançada, 2021, 117 (7-8).

[8] Mellit Adel,Kalogirou Soteris. Avaliação de métodos de aprendizagem automática e de conjunto para o diagnóstico de avarias em sistemas fotovoltaicos[J]. Renewable Energy, 2022,184 (26).

[9] Jiang You- liang, You Zhen- nan, Cao Zicong, Wang Yan. Previsão da vida útil restante dos rolamentos com base no modelo PCA e GSACO-SVR [J]. Jornal de Física: Conference Series, 2022, 2405 (1).

[10] Wang Xiaojia, Wang Cunjia, Zhu Keyu, Zhao Xibin. Um modelo de diagnóstico de falhas de equipamentos mecânicos baseado no sistema de aprendizado amplo TSK Fuzzy [J]. Symmetry,2022,15 (1).

[11] Mehrdad Heydarzadeh, Mohsen Zafarani, Mehrdad Nourani, Bilal Akin. Uma abordagem de diagnóstico de falhas baseada em ondas para motores síncronos de ímã permanente [J]. IEEE Transactions on Energy Conversion, 2019, 34 (2).

[12] Zhao Xueju. Investigação sobre tecnologias-chave de diagnóstico de avarias em transformadores com base na integração acústica e de vibração [J]. Electroacoustic Technology, 2022, 46(04): 113-115.

[13] Xiong Qing, Zhang Weihua, Lu Tianwei, et al. Diagnóstico de falhas em rolamentos com base na estimativa de parâmetros de distribuição α-estável [J]. Vibração, Teste e Diagnóstico, 2015, 35(2): 238.

[14] Chen Benbin, Shi Hao, Zhuang Zhijian. Diagnóstico de falhas de componentes auxiliares de disjuntores de alta tensão com base na estimativa de estado não linear [J]. Aparelho de Alta Tensão, 2020, 56(06): 159-164.

[15] Li Zhiming, Zhong Maiying, He Kaixun. Método de deteção de falhas em espaços equivalentes baseado na análise de aleatoriedade [J]. Jornal da Universidade de Ciência e Tecnologia de Shandong: Edição de Ciências Naturais, 2019, 38(2): 117-124.

[16] Yang Jiangtian, Zhao Mingyuan. Aplicação de biespectro melhorado e decomposição de modo empírico no diagnóstico de falhas de

rolamentos de motores de tração [J]. Proceedings of the CSEE, 2012, 32(18): 116-122.

[17] Hu Xuan, Li Chun, Ye Kehua. Diagnóstico de falha da caixa de engrenagens da turbina eólica com base na transformada empírica de wavelet melhorada de entropia negativa de espetro médio contínuo [J]. Jornal de Engenharia de Energia Térmica, 2021, 36(12): 164-172.

[18] Wan Peng, Wang Hongjun, Xu Xiaoli. Modelo de diagnóstico de falhas baseado no arranjo do espaço tangente local e na máquina de vetor de suporte [J]. Revista Chinesa de Instrumentos Científicos, 2012, 33(12): 2789-2795.

[19] Wang Gongxian, Zhang Miao, Hu Zhihui, et al. Diagnóstico de avarias em rolamentos com base na entropia de permutação média multi-escala e na máquina de vectores de apoio à otimização de parâmetros [J]. Journal of Vibration and Shock, 2022, 41(01): 221-228.

[20] Xie Jinyang, Jiang Yuanyuan, Wang Li. Método de diagnóstico de falha de rolamento baseado em RA-LSTM [J]. Journal of Electronic Measurement and Instrumentation, 2022, 36(06): 213-219.

[21] Bi Pengyuan. Um método de diagnóstico de falha de rolamento baseado em Conv-LSTM [J]. Tecnologia de Engenharia Mecânica e Eléctrica, 2021, 50(11): 113-115.

[22] Wang Hongwei, Sun Wenlei, Zhang Xiaodong e outros. Pesquisa sobre o método de diagnóstico de falhas na caixa de engrenagens de turbinas eólicas com base na entropia de dispersão multi-escala composta VMD optimizada e LSTM [J]. Ata Energiae Solaris Sinica, 2022, 43(04): 288-295.

[23] Mao Zehui, Gu Yuxing, Jiang Bin e outros. Diagnóstico de pequenas falhas graduais do sistema de tração de comboios de alta velocidade com base em LSTM melhorado [J]. Jornal chinês de ciência: Ciências da Informação, 2021, 51(06): 997-1012.

[24] Chen Baojia, Chen Xueli, Shen Baoming et al. Aplicação da rede neural profunda CNN-LSTM no diagnóstico de falhas em rolamentos [J].

Jornal da Universidade de Xi'an Jiaotong, 2021, 55(06): 28-36.

[25] Wu Xiaoxin, He Yigang, Duan Jiajun e outros. Método de diagnóstico de falhas DGA de transformador Bi-LSTM considerando caraterísticas complexas de correlação de tempo [J]. Equipamento de automação de energia elétrica, 2020, 40(08): 184-193.

[26] Zhou Zhigang, Qin Datong, Yang Jun, et al. Previsão da vida útil à fadiga do sistema de transmissão de engrenagens de turbinas eólicas sob cargas de vento aleatórias[J]. Ata Energiae Solaris Sinica, 2014, 35(07): 1183-1190.

[27] Método MoG -BBN para identificação do estado da caixa de velocidades e previsão do tempo de vida restante [J]. Controlo de Ruído e Vibrações, 2014, 34(02): 158-163.

[28] Wang Jinhai, Yang Jianwei, Li Qiang, et al. Previsão da vida útil restante para o processo de degradação do sistema de engrenagens com modelo de danos por contacto [J]. Jornal Internacional de Engenharia de Performabilidade, 2019,15 (1):241 - 251.

[29] Zhang Rui, Chen Ming, Zhu Xianzhong. Pesquisa sobre a previsão de vida útil do laminador a frio 1550 baseada na rede neural BP [J]. Mechatronics, 2010, 16(07): 20-23+92.

[30] Wang Shuo. Pesquisa sobre o método de previsão de vida útil restante com base na máquina de vetor de suporte [D]. Northeastern University, 2015.

[31] Li Lei. Investigação sobre a previsão da vida útil restante dos componentes de transmissão mecânica de turbinas eólicas com base em máquinas de aprendizagem extrema [D]. Universidade de Yanshan, 2015.

[32] Shi Hui, Wang Wanna, Zhang Yan, et al. Investigação sobre a previsão do tempo de vida restante das engrenagens com base na rede de memória de curto prazo [J]. Jornal da Universidade de Ciência e Tecnologia de Taiyuan, 2020, 41(05): 338-343+351.

[33] Ma Qiyou, Liu Kewei, Du Jian, et al. Previsão da vida útil restante das pás do motor com base na rede profunda de memória de curto prazo

[J]. Tecnologia de Propulsão, 2021, 42(08): 1888-1897.

[34] Dang Weichao, Li Tao, Bai Shangwang, et al. Método de previsão da vida útil restante em tempo real para o sistema de software Web baseado na rede de memória de curto prazo de auto-atenção [J]. Journal of Computer Applications, 2021, 41(08): 2346-2351.

[35] Cheng Yiwei, Zhu Haiping, Wu Jun, et al. Método de previsão da vida útil remanescente de equipamentos mecânicos com base numa rede aninhada de memória de curto prazo [J]. Ciência China: Ciências Tecnológicas, 2022, 52(01): 76-87.

[36] Pei Hong, Hu Changhua, Si Xiaosheng, Zhang Jianxun, Pang Zhenan, Zhang Peng. Uma revisão dos métodos de previsão da vida útil restante do equipamento com base no aprendizado de máquina [J]. Jornal Chinês de Engenharia Mecânica, 2019, 55(08): 1-13.

[37] Lv Congxin, Wang Bo, Chen Jingbo, Zhang Ruiping, Dong Haiying. Revisão e perspetiva da estratégia de controlo de motores síncronos de ímanes permanentes [J]. Automação de acionamento elétrico, 2022, 44(04): 1-10.

[38] Lin Li, Lü Jinpei, Lin Minzhi. Conceção e implementação de uma plataforma experimental de hardware-in-the-loop para o controlo direto do binário do motor síncrono de ímanes permanentes [J]. Automação de acionamento elétrico, 2022, 44(04): 25-28+42.

[39] Cui Hong, Li Yandong. Uma revisão das estratégias de controlo para motores síncronos de ímanes permanentes [J]. Motores à prova de explosão, 2021, 56(03): 3-7.

[40] Wang Yu, Zhang Chenggao, Hao Wenjuan. Uma revisão da tecnologia tolerante a falhas para motores de ímanes permanentes e respectivos sistemas de acionamento [J]. Proceedings of the CSEE, 2022, 42(01): 351-372.

[41] Li Xianlin, Fan Yinhai, Li Fang. Motor síncrono de ímanes permanentes e seu controlo na propulsão eléctrica [J]. Tecnologia Elétrica Marítima, 2003(06):1-3.

[42] Lang Baohua, Kang Biao, Sun Luyan. Pesquisa de simulação em sistema de controle vetorial de motor síncrono de ímã permanente [J]. Computador e Engenharia Digital, 2017, 45(03): 459-463+473.

[43] Cheng Songliao, Lu Yonggeng, Yuan Hongjie, Jia Zhuqing. Estado atual do desenvolvimento do controlo direto do binário do motor síncrono de ímanes permanentes [J]. Ciência, Tecnologia e Inovação, 2018(18):70-71.

[44] Xiao Yong, Chen Bin, Li Xia, Shi Jinfei, Li Ying, Wang Du. Análise de simulação da desmagnetização do motor síncrono de relutância assistido por ímã permanente [J]. Micro Motors, 2021, 49(07): 9-13.

[45] Tadashi Masaru, Sun Yuguang, Wang Shanming, Dewey. Análise de falhas de curto-circuito de fase interna em enrolamentos de gerador síncrono de ímanes permanentes com retificador multifásico [J]. Transacções da Sociedade Chinesa de Engenharia Eletrotécnica, 2020, 35(06): 1262-1271.

[46] X iaomei Wu, Chun Sing Lai, Chenchen Bai, Loi Lei Lai, Qi Zhang, Bo Liu. ELM de kernel ideal e decomposição de modo variável para previsão probabilística de energia fotovoltaica [J]. Energias,2020,13 (14).

[47] Li Wang, Zhi Lan, Qiang Wang, Rong Yang, Hongliang Li. Algoritmo de classificação de EEG baseado em ELM_Kernel e decomposição de pacotes Wavelet [J]. Controle Automático e Ciências da Computação, 2019, 53 (5).

[48] Peng Chang, Olivia Kang, Ding Chunhao, Ruiwei Lu. Aplicação de monitoramento e diagnóstico de falhas na indústria de processos com base no momento de quarta ordem e decomposição de valor singular [J]. O Jornal Canadense de Engenharia Química,2020,98 (3).

[49] Denoising do sinal de fala usando decomposição de modo empírico e filtro de Kalman [J]. Revista Internacional de Tecnologia Inovadora e Engenharia de Exploração, 2020,9 (8).

[50] Jiang Xingxing, Song Qiuyu, Du Guifu, Huang Weiguo, Zhu Zhongkui. Uma revisão da investigação e das aplicações dos métodos de

decomposição do modo variacional [J]. Jornal Chinês de Instrumentação Científica, 2023, 44(01): 55-73.

[51] Li Jiayu, Chen Xi, Liu Wenzhong. Pesquisa sobre investimento quantitativo com base na rede neural VMD -LSTM [J]. Modelagem Matemática e suas Aplicações, 2022, 11(03): 72-84.

[52] Zhang Xiaofeng, Wang Xiuying. Uma revisão da pesquisa sobre o algoritmo de otimização do lobo cinza [J]. Ciência da Computação, 2019, 46(03): 30-38.

[53] Yan Hao, Bai Huajun, Zhan Xianbiao, Wu Zhenghao, Wen Liang, Jia Xisheng. Combinação de VMD Mapping MFCC e LSTM: Um novo método de diagnóstico de falha acústica do motor diesel [J]. Sensores, 2022, 22 (21).

[54] Tan Yuanqiang, Zhang Jiangtao, Li Xiang, Xu Yangli, Wu Chuan-Yu. Avaliação abrangente da fluidez do pó para fabricação de aditivos usando análise de componentes principais [J]. Tecnologia do Pó,2021,393 (6).

[55] Bi Guihong, Zhao Xin, Chen Chenpeng, Chen Shilong, Li Lu, Xie Xu, Luo Zhao. Previsão de ultra-curto prazo da geração de energia fotovoltaica com base em entrada multicanal e PCNN-BiLSTM [J]. Power System Technology, 2022, 46(09): 3463-3476.

[56] Liang Qian. Algoritmo de otimização de baleias multi-objetivo baseado na preservação de elite inversa e mutação Levy [J]. Computador Moderno, 2021(18):25-31.

[57] Tian Chunsheng, Chen Lei, Wang Yuan, Wang Shuo, Zhou Jing, Pang Yongjiang, Du Zhong. Uma revisão da investigação sobre a tecnologia de automatização do design eletrónico FPGA baseada na aprendizagem automática [J]. Journal of Electronics and Information Technology, 2023, 45(01): 1-13.

[58] Zhang Jing, Nong Changrui, Yang Zhiyong. Uma revisão dos algoritmos de deteção de objectos baseados em redes neurais convolucionais [J]. Journal of Ordnance Equipment Engineering, 2022, 43(06): 37-47.

[59] Wang Wei, Li Qing, Zhang Dezheng, Li Hui, Wang Hao. Uma revisão da investigação sobre o processamento de imagens de minério com base na aprendizagem profunda [J]. Chinese Journal of Engineering Science, 2023, 45(04): 621-631.

[60] Li Bingzhen, Liu Ke, Gu Jiaojiao, Jiang Wenzhi. Uma revisão da pesquisa sobre redes neurais convolucionais [J]. Computer Age, 2021(04):8-12+17.

[61] Lin Jingdong, Wu Xinyi, Chai Yi, Yin Hongpeng. Uma revisão da otimização da estrutura da rede neural convolucional [J]. Ata Automatica Sinica, 2020, 46(01): 24-37.

[62] Su Jiongming, Liu Hongfu, Xiang Fengtao, Wu Jianzhai, Yuan Xingsheng. Uma revisão dos métodos de interpretação de redes neurais profundas [J]. Engenharia da Computação, 2020, 46(09): 1-15.

[63] Chen Jinyin, Lin Xiang, Gao Shangtengda, Xiong Hui, Zhang Longyuan, Liu Yi, Xuan Qi. Um aprendizado evolutivo rápido para otimizar a CNN [J]. Jornal Chinês de Eletrónica,2020,29 (6).

[64] Liu Xiao Lei,Liu Peng. Estratégia de formação de CNN para classificação de imagens de deteção remota com aprendizagem ativa [J]. IOP Conference Series Earth and Environmental Science, 2020,502 (1).

[65] Jin Katie, Bagui Sikha. Apache Spark SVM para prever a apneia obstrutiva do sono [J]. Big Data e Computação Cognitiva, 2020, 4 (4).

[66] Jin Xu, Haixia Wang, Can Cui, Baigang Zhao, Bo Li. Monitoramento de derramamento de óleo de recursos de imagem de radar embarcado usando SVM e limiar adaptativo local [J]. Algoritmos,2020,13 (3).

[67] Zhang Xiaoyan, Li Qiang. Uma revisão dos métodos de classificação baseados em SVM [J]. Ciência e Tecnologia da Informação, 2008(28):344-345.

[68] Zhu Baohe, Zheng Bangyou, Dai Yijun, Liu Can. Previsão do risco de explosão de carvão e gás em túnel com base em máquina de vetor de suporte não linear [J]. Modern Tunnel Technology, 2020, 57(02): 20-25.

[69] Wang Shuzhou, Umbrella. Uma revisão dos algoritmos de formação

de máquinas de vectores de suporte [J]. Journal of Intelligent Systems, 2008, 3(06): 467-475.

[70] Wang Lulu. Classificação de imagens holográficas de micro-ondas usando uma rede neural convolucional [J]. Micromáquinas,2022,13 (12).

[71] Liu TienLun, Hsieh LingHsiang, Huang KuanChun. Aplicando Processamento de Linguagem Natural e Tendências Evolutivas TRIZ para Recomendações de Patentes para Design de Produto [J]. Ciências Aplicadas, 2022,12 (19).

[72] Li Huai. Uma visão geral da investigação em bioinformática [J]. Jornal da Faculdade de Educação de Kaifeng, 2017, 37(06): 283-284.

[73] Qi Hengnian. Uma revisão da investigação sobre máquinas de vectores de suporte e suas aplicações [J]. Engenharia Informática, 2004(10):6-9.

[74] Liu Fangyuan, Wang Shuihua, Zhang Yudong. Uma revisão dos modelos e aplicações da máquina de vetores de suporte [J]. Aplicações de Sistemas de Computação, 2018, 27(04): 1-9.

[75] Gu Yunqing, Su Yuxiang, Shen Xiaoqun, Luo Jianfeng, Wang Ting. Diagnóstico de falhas em rolamentos com base na entropia de permutação CEEMDAN melhorada e GWO-SVM [J]. Combined Machine Tools and Automated Processing Technology, 2022(08):62-66.

[76] Dong Fengzhu, Huang Yongjing, Lu Peiwen, Zhang Heng. Uma revisão do diagnóstico de falhas do transformador com base na máquina de vetor de suporte [J]. Computador de Controlo Industrial, 2019, 32(09): 89-90+93.

[77] He Yang, Zhu Jinfu, Zhou Qinyan. Previsão de atrasos de voos em aeroportos com base na regressão por máquina de vectores de apoio [J]. Jornal da Universidade de Aviação Civil da China, 2018, 36(01): 30-36+41.

[78] Yang Weixin, Zhang Xiaosen. Uma revisão do algoritmo de otimização por enxame de partículas [J]. Ciência e Tecnologia de Gansu, 2012, 28(05):88-92+73.

[79] Xia Mengjie, inverno Severo, Hang Jun, Wang Qunjing. Investigação sobre o sistema de diagnóstico em linha da avaria de curto-circuito entre curvas do motor síncrono de ímanes permanentes com base no LabVIEW[J]. Aparelhos Eléctricos Domésticos, 2018(11):123-127.

[80] Geng Huxiang. Projeto do sistema de diagnóstico de falhas de engrenagem baseado em LabVIEW e MATLAB [J]. Mining Machinery, 2015, 43(06): 130-133.

Printed by Books on Demand GmbH, Norderstedt / Germany